"十四五"普通高等教育本科部委级规划教材

服装设计基础与创意实践

于 芳 ◎ 编著

中国纺织出版社有限公司

内 容 提 要

本书以服装要素与美学理论为基础，以设计方法与设计实践为重点，详细讲解设计元素与形式美、构思与设计方法、实践与系列设计三部分内容，提出设计途径与设计方法的新形式，配合经典图例做深入分析，展示设计作品实践的过程，为服装设计初学者提供一个深入浅出的渐进式学习方法。

全书图文并茂，内容丰富新颖，图片精美，创意感强。既适合高等院校服装专业师生学习，又可为服装设计从业人员、研究者、爱好者提供参考。

图书在版编目（CIP）数据

服装设计基础与创意实践 / 于芳编著 . -- 北京：
中国纺织出版社有限公司，2023.5
　"十四五"普通高等教育本科部委级规划教材
　ISBN 978-7-5229-0353-8

Ⅰ.①服…　Ⅱ.①于…　Ⅲ.①服装设计-高等学校-教材　Ⅳ.① TS941.2

中国国家版本馆 CIP 数据核字（2023）第 028519 号

FUZHUANG SHEJI JICHU YU CHUANGYI SHIJIAN

责任编辑：李春奕　施　琦　　责任校对：江思飞
责任印制：王艳丽

中国纺织出版社有限公司出版发行
地址：北京市朝阳区百子湾东里A407号楼　邮政编码：100124
销售电话：010—67004422　传真：010—87155801
http://www.c-textilep.com
中国纺织出版社天猫旗舰店
官方微博http://weibo.com/2119887771
北京华联印刷有限公司印刷　各地新华书店经销
2023年5月第1版第1次印刷
开本：889×1194　1/16　印张：9.5
字数：139千字　定价：69.80元

前 言 ◀◀

　　创新能力是新时代人才面向未来不断发展的关键因素，实践能力是高等教育应用型人才培养的重要环节。中国高等服装教育自20世纪80年代开始起步，经过20世纪90年代的摸索，到21世纪初的调整、改革、优化、完善，如今已呈现出典型的交叉学科特点，即以"创意审美＋工程实践"为核心的"双重"趋势。这既适用于艺术类服装设计的人才培养，也同样适用于跨院系、跨学科、跨专业的"新工科"人才培养。

　　本教材以创新为本，以代表性实例为媒介，多角度展示理论与实践的结合。其中，第一部分"设计基础篇"从现代服装的萌起带入，详细讲解了设计要素和形式运用等设计基础知识；第二部分"设计方法篇"结合多种实践，详细阐述了服装创作的思维与途径，以及形、色、质三要素的具体设计手段与技巧；第三部分"设计实践篇"详细分析了从灵感到设计、实物及整体造型终端呈现的全过程，并分别讲解了创意与成衣系列的设计方法。在每章结尾，笔者根据自己的心得体会为初学者提供学习方法以及实践题目。在全书的最后，以多幅优秀作品为例，希望为初学者的创作与实践带来一定启发。

　　本教材获得旭日广东企业研究社、广东省服装与服饰工程技术研究中心的大力支持。感谢广东省教育科学"十三五"规划项目"广东高校新工科服装设计集合式产业链教学——以内衣为例"（2020GXJK367）、惠州学院哲学人文社会科学研究项目"中国风创意服装设计的新定位研究——以密扇为例"（hzu201724）、惠州学院高等教育教学研究和改革项目"新工科背景下服装设计课程教学模式改革与实践"、广东省高教厅重点平台——服装三维数字智能技术开发中心的支持及惠州学院出版基金的资助；感谢柯宇丹老师提供的色彩设计作品；感谢惠州学院旭日广东服装学院、台湾岭东科技大学提供的信息资源；感谢"云思木想"李楚程、王丹红，"KEI LAM"童晓妍，"山谷少年"李文杰，"exciTING"王婷，"鼎玺"洪源铭、林嘉骏，以及原惠州学院李谦、陈秀秀、李浩纯等同学提供的作品。全书未尽之处望前辈、同行给予批评指正，如有任何问题或疑惑请联系编著者本人。

编著者

2022.1.15

目　录

第一部分

设计基础篇

揭开服装设计的面纱，了解它的起源及变迁；理解服装设计的内涵及核心；掌握服装设计的基础知识，将形式美感贯穿于服装设计中，分析服装中创新与美的结合。

第一章
服装设计概述

　　天桥上一个个曼妙的身姿、一款款优雅绚丽的服装，精彩绝伦，美不胜收。这些视觉盛宴都来自一个名字——服装设计。设计意味着创新，是社会前进的要素，而追求美是人类永恒的天性之一。服装与人类时时刻刻亲密接触，是人类形象的重要组成部分。服装设计如同"当创新遇到美"，充满魅力。

第一节　萌起与发展

一、19世纪

在19世纪的欧洲，摄影技术诞生并快速发展，时装杂志也开始普及；同时，缝纫机被发明并批量生产，美国开始出售服装纸样进而产生量产的概念，这些重要因素孕育着服装界的巨变。在19世纪下半叶完成的第二次工业革命，对服装革命及流行设计产生了很大的促进作用。

19世纪的女装风格是紧身衣搭配撑裙，代表着欧洲的时尚与流行，以宫廷服饰为主导（图1-1）。查尔斯·弗雷德里克·沃斯（Charles Frederick Worth）作为高级时装的鼻祖，从英国一个材料店店员奋斗成法国巴黎顶级服装设计师，并为法国皇室设计礼服。他开创了设计师以自己的设计进行营业的历史，最先使用时装模特，组建了女装联合会，即现在的高级女装协会。沃斯的成功为时装设计师指明了奋斗方向，其一系列创举引得众多设计师纷纷效仿，逐步成为巴黎时装品牌的运作模式。由此，巴黎的时尚业快速崛起，备受瞩目，巴黎成为世界流行发源地。

二、20世纪上半叶

19世纪末至20世纪上半叶，电影被发明，英国妇女获得投票权，奥林匹克运动会让世界瞩目。世界上第一所设计学院——包豪斯学校成立，荷兰画家彼埃·科内利斯·蒙德里安（Piet Cornelies Mondrian）的平面几何式抽象艺术盛行，两次世界大战……在这些重大事件影响下，20世纪服装整体明显趋向简洁轻便，女装界发生了重大变化。

20世纪10年代，保罗·波烈（Paul Poiret）废除紧身衣，解放了女装多年的束缚，其设计的服装款式宽松并带有东方情调。20年代的女性新形象是自由恋爱、有学问、有职业。加布里埃·香奈儿（Gabrielle Chanel）推出的黑色礼服套装及之后推出的裙套装礼服，被誉为20世纪女装基本模式。同时，女装还出现了一种稍窄、半宽松、半贴身、名为Flapper的新款式，备受欢迎。30年代，服装界出现了款式简洁的优雅复古风格，拉链应用于成衣。40年代，受第二次世界大战影响，军装式的中性风格和简洁实用的款式广为流行。50年代，舞台上的服装重返奢华之风。如图1-2所示，图a为20世纪初的东方情调设计；图b为1958年香奈儿品牌套装裙；图c是名为Flapper的流行款。

图1-1　19世纪女装

图1-2　20世纪上半叶女装

三、20世纪下半叶

在20世纪60年代青年亚文化的影响下，摇滚、摩登、波普、未来、嬉皮等颠覆传统的风格流派相继涌现，让人眼花缭乱。超短裙、蒙德里安式样、牛仔掀起流行风潮，年轻消费群体剧增，高级定制时装业逐渐衰落。70年代，T恤盛行，牛仔影响亚洲，朋克风一跃而起，充满怪诞与新奇。80年代，在西方顶级品牌阿玛尼（Armani）等大受欢迎的同时，日本设计师三宅一生、高田贤三、川久保玲设计的服饰也引起了轰动。受潮流的影响，改革开放后中国时尚界提升了对流行服装的意识，出现了宽垫肩女装外套和套装裙等款式。90年代，现代风格大行其道，西方设计师们的设计天马行空，中国的本土原创品牌生根发芽，服装风格呈现多元化趋势，人们的品牌意识逐步加强，更加追求个性。

四、21世纪

21世纪初期，以巴黎、米兰、纽约、伦敦为中心的时装发布受到全球瞩目。同时，随着中国综合实力日益强大，本土品牌逐渐发展壮大，中国风也在国际舞台越发受到关注。互联网开启了购物新时代后，服装也随之进入电子商务范畴。21世纪10年代的服装行业格局被彻底改变，众多品牌跻身网络平台销售，大量实体服装店出现危机，迅速缩减并调整销售模式。随着潮流更迭日新月异，为满足消费者更多的需求，款式开发空前膨胀，各类跨界合作争相出现，商务与休闲风格相互交叉，时尚与运动风格相互渗透，各种新形象争相涌出。如今，越来越快的生活节奏使快时尚品牌广受欢迎，高级时装开始向平静、理性扩展，家居服、内衣等服装类别越分越细，购物方式空前多元化，实体服装店开始结合餐饮和音乐等主题共同经营。总之，时装的世界变得纷乱复杂。表1-1总结了19世纪至今各年代的服装流行变化，具体代表事物如图1-3所示。

表1-1　现代服装流行与演变

时间	服饰主流特征	典型事例或代表设计师
19 世纪	宫廷主导流行	紧身衣辅助大撑裙流行
20 世纪 10 年代	解放与变革	保罗·波烈废除紧身衣
20 世纪 20 年代	现代新形象	香奈儿推出套装；Flapper 新款式
20 世纪 30 年代	复古、新材料	长裙、拉链应用于成衣
20 世纪 40 年代	简洁实用	军装风格、中性风格流行
20 世纪 50 年代	重返奢华	New Look 引发流行
20 世纪 60 年代	青年亚文化与艺术流派	摇滚、摩登、波普等风格流行

时间	服饰主流特征	典型事例或代表设计师
20 世纪 70 年代	青年亚文化与艺术流派	T 恤、牛仔装、朋克等流行
20 世纪 80 年代	东西方相互冲击、影响	西方顶级品牌发展、日本设计师崛起
20 世纪 90 年代	多元化与品牌	中国本土品牌萌芽、追求个性
21 世纪初	品牌与网购	中国风、DIY、网购、环保
21 世纪 10 年代	混杂、快速	跨界、网购、快时尚

超短裙　　　　　　蒙德里安式样　　　　　　未来风

波普艺术风　　　　　　牛仔　　　　　　T 恤

朋克风　　　　　　日本设计师作品　　　　　　环保服装

图 1-3　20 世纪下半叶~21 世纪服装流行代表

第二节　概念与职位

一、服装设计的概念与分类

（一）服装设计的概念

服装设计属于工艺美术范畴，其实用性和艺术性相结合。"服装"包括在生活、演出、运动、工作等各个场景下的着装。"设计"指构想、设立并实施方案，也含有意象、作图、造型之意。服装设计可以理解为在服装上的艺术创作，是为了实现某种服用目的提出创造性的计划及实践行为，可以满足人们日常生活体系中的诸多需求。服装设计的完整过程，包括构想、设计、选料、剪裁、制作实物、着装者的整身搭配等，重点在于创新和美感的结合。

服装设计的总体原则是5W，即WHO（谁）、WHEN（什么时间）、WHERE（什么地点）、WHY（为什么而穿）、WHAT（穿什么）。这些内容的差异使服装设计的定位有所不同。这个总原则适用于服装设计的所有情况，无论是T台上需要耳目一新的走秀服装，还是商场里受欢迎的流行单品，5个W都可以作为理性设计指引，使最终效果符合预想要求。

（二）服装设计的分类

服装设计的分类有很多种方式，例如，按穿着场合可分为创意服装设计、时装设计、礼服设计、职业装设计、运动装设计、休闲装设计、内衣设计等；按消费者类别可分为男装设计、女装设计；按年龄可分为童装设计、青少年装设计、青年装设计、中老年装设计；按档次可分为高级定制设计和成衣设计，成衣设计中又可以划分为高级成衣设计、品牌成衣设计和大众成衣设计。

不同类别和档次的服装在设计上的创意程度也不同。如图1-4所示，四套服装设计均以线条为主要元素，可以看出从左到右的夸张效果和创意度渐弱，被大众接受的商品性渐强。

二、服装设计的相关职位

（一）服装设计师

服装设计师负责实现服装创新，并服务于顾客。根据职责差异，设计师可分为设计总监、首

图1-4 条纹元素不同创意度服装设计

席设计师、设计师、助理设计师等。作为一个服装设计师必须具备良好的专业素养，主要如下：

（1）具备扎实的专业知识和能力。掌握服装画技法、熟练运用服装设计原理、熟练操作绘图软件及立体裁剪、了解打板原理及变款方法、熟悉多种工艺手段及效果。

（2）熟悉市场动向。熟悉流行趋势信息的获取、分析、整合，可以灵活地根据市场情况进行商品开发的策略安排与调整，具备将艺术创意与流行市场结合的能力。

（3）具备感性的审美与表达能力。具备创新思维、创新设计能力。

（4）具备对新潮事物敏感的洞察力。具有行业内外宽阔的视野和较高的文化艺术修养。

（5）具有团队合作精神和专业沟通能力。

（二）服饰品设计师

服饰品设计师负责帽、包、鞋靴或首饰等配件的设计，可以敏锐捕捉流行趋势、熟悉市场动态，完成服装整体造型的搭配。

（三）面辅料设计师

面辅料设计师负责面、辅料的图案花色、花边、绣片、纽扣等设计。要求图案设计基本功扎实，熟悉材料质地、性能等，紧跟国际潮流，创新意识强。

（四）时尚杂志编辑、记者

时尚杂志编辑、记者负责传播流行，要熟悉各类品牌，掌握对时装界最新流行资讯的分析、总结能力，具备捕捉时尚动向的洞察力和前瞻力。

（五）时尚买手

时尚买手负责为服装企业或品牌采买合适的设计并交由工厂生产成商品成品，或直接采买合适的商品成品，然后放到企业销售渠道中进行销售，从而获得利润。时尚买手是连接产品、销售商和消费者的桥梁，负责在各地采购，需要有专业眼光，熟悉流行趋势、品牌定位和市场动向。

（六）服装陈列师

服装陈列师负责在展示空间内对服装产品进行组合、布景等，体现时尚产品的主题方向、内在含义、品牌文化以及销售战略等，即通过视觉传达品牌信息。需要具备整体造型搭配的能力和较高的艺术修养，对空间层次的把握务必准确。

（七）时装摄影师

时装摄影师通过摄影技术、编辑技术、图片后期处理技术表达服装意境，提升服装魅力。由于网络购物的迅速兴起和壮大，近年流行市场对服装摄影工作室的需求激增。

初学者锦囊　此时学习以多看为主，积累视觉印象

本章内容简要地讲述了现代服装设计概况，其中很多知识内容，需要初学者在课后结合服装史、服装设计师、服装品牌等方面的资料综合了解和学习。另外，初学者应该大量翻阅杂志、浏览网络，持续积累视觉印象，在视觉上、脑海中形成对服装、美感、创新的初步感官记录。

练习（作业）

1. 熟悉20世纪各时期的服装特点及20世纪服装设计师的代表作品。
2. 熟悉当今知名服装设计师及代表作品。
3. 了解中国服装知名品牌。

第二章
设计元素

任何艺术设计作品都可以归纳为点、线、面、体的造型元素，它们也是服装设计的基础要素。点、线、面、体在服装上的创新构成，有助于达到"新"与"美"的结合。

第一节　基础造型要素

一、点

（一）点的形态与构成

点是相对服装外轮廓而言很小的造型元素，可为圆、方、尖角等多种形状，也可以组合成多种效果，如图2-1所示。

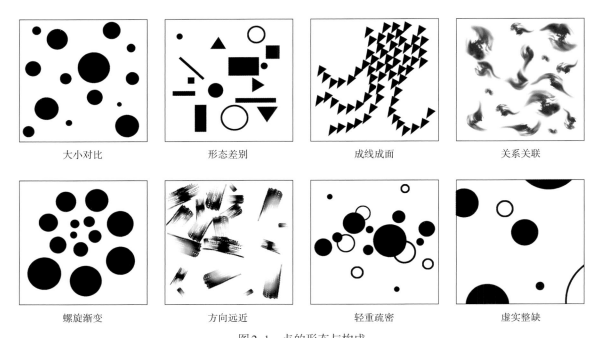

大小对比	形态差别	成线成面	关系关联
螺旋渐变	方向远近	轻重疏密	虚实整缺

图2-1　点的形态与构成

（二）点在服装中的形式与作用

点在服装中多以纽扣、LOGO、蝴蝶结、胸针等实物形式出现，可以起到功能性或装饰性作用。单独的点有焦点、画龙点睛之效；多点组合可以丰富视觉效果，产生节奏感。如图2-2所示，点分别为LOGO、蝴蝶结、图案等应用形式。

图2-2　点在服装中的应用形式

（三）点的位置、强度与工艺

单点设计在服装中会因位置不同而产生效果差异，如图2-3所示，图a和图b中点放在中间显得正统，图c和图d中点放在侧面显得活泼；而图e中点放在腹下显得尴尬，图f中点放在裙摆，形成了莫名的焦点，让人摸不到头脑；若在裙摆上设计装饰点，可在其他位置做多点的呼应，如图g中多点的组合，会使服装视觉效果更合理、美观。

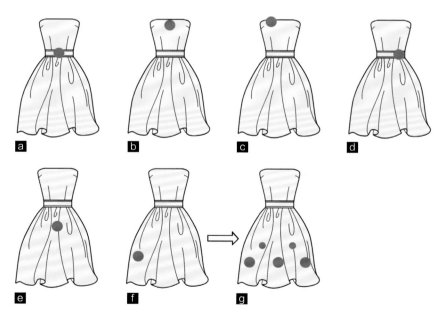

图2-3　点的位置与作用

点在视觉效果上是否强烈，与对比因素有关：如果点的面积大、位置重要，且与周围的色彩明暗对比强，则点突出；反之点则显得较隐匿。设计时，可根据需要调整点的效果。如图2-4所示，图a中的眼睛图案起到装饰点作用，黑白对比鲜明；图b中纽扣和卯眼是同时具有装饰和功能作用的点；图c中在浅色皮肤的对比下，深蓝色的点突出，浅蓝色点较弱；图d中镂空形成的点因明暗差异大而强烈，并呈现层次感；图e中多点组合珠饰，有大小、疏密、强弱关系，点中有点。

图2-4　服装中的点

二、线

（一）线的形态与构成

线可直可曲可折，有各自的特点。水平线平稳舒展，垂直线挺拔上升，曲线优美流畅，斜线有动感，不规律线条自由随意……单线设计有强调的作用，多线组合丰富多变（图2-5）。

（二）线在服装中的形式与作用

服装中的线有外轮廓线、内分割线、工艺线、功用线、纹路线、装饰线等。线的作用主要有

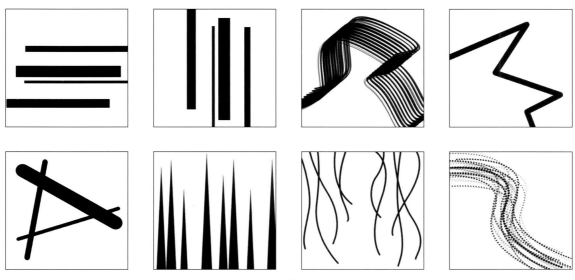

图2-5 线的形态

两个：一是功能性作用，如具有连接或扣合功能的拉链；二是装饰性作用，如通过线条进行区域分割、增加细节等。如图2-6所示，同款大衣因灰色线条运用方式不同而产生视觉效果的差异：纵向线产生挺拔感，横向线产生平稳感，倾斜线产生动感，曲线则优美流畅。如图2-7所示，服装中各种不同线的应用会产生不同的美感效果。图a用单线强调设计；图b用多线框架式组合体现几何美感；图c结合人体结构的不同曲直穿插产生韵律美；图d用黑条与流苏动静结合凸显变化美感；图e体现不系带的随意、不羁与自由。

图2-6 线的特点与作用

图2-7　服装中的线

（三）线的强度与工艺

线是否强烈与对比因素有关。线的工艺可通过印花、手绘、包边、镶嵌、加链条、粘胶、编结、缝绣等手法完成。

三、面

（一）面的形态与构成

面在服装轮廓中占区域比例较大，不同形状各具特点。如图2-8所示，图a中的正方形和梯形稳定、圆形活泼、菱形个性、倒三角刺激、不规则形新颖奇特；图b中的面与面可以进行多种组合，四个同样的1/4圆可以拼合成多种效果。

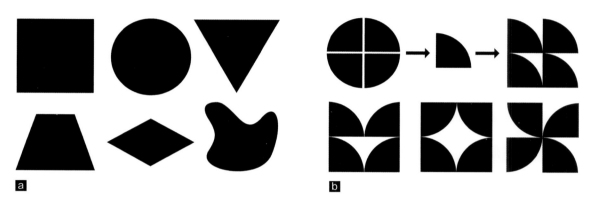

图2-8　面的形状与构成

（二）面在服装中的形式与作用

服装中的面可以遮体，带来形状感、构成感和区域感。当设计整套服装为同色效果时，强调的是廓型；而设计成拼接的几个面组合时，强调的是内部区域，可运用不同色彩或面料进行组合（图2-9）。

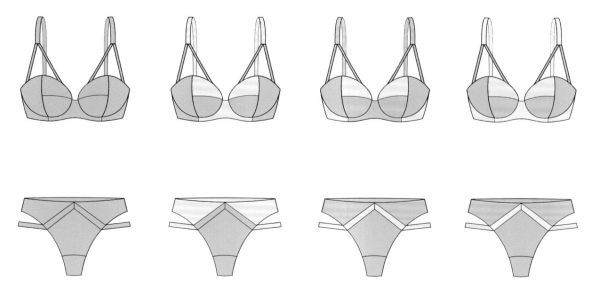

图2-9　面的拼接构成

（三）面的强度与工艺

面在视觉效果上是否强烈与对比因素有关。面的制作工艺主要有裁片的缝合、拼接、编织、扣合等。如图2-10所示，图a为不同面料拼接，两种面料过渡处用羊毛毡手工戳成较自然的效果；图b是不同针织组织的组合；图c是造型、色彩均为强对比面的整套搭配；图d是多面叠加产生的层次效果；图e是不同花色面料的面拼合；图f是不规则面的创新设计。

图2-10　服装中的面

四、体

（一）体的形态和构成

体是具有长、宽、高的三维形体，具有真实空间关系。简单的体是基础几何形体（图2-11），复杂的体可设计成各种丰富的立体造型及空间效果（图2-12）。

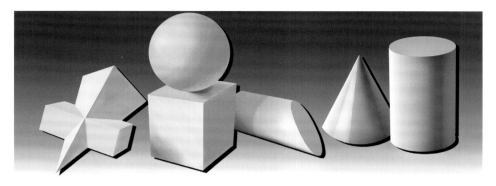

图2-11 体的几何造型

图2-12 体的实物造型

（二）体在服装中的形式与作用

服装中的体主要表现在两个方面：一是基于平面服装被人体穿出立体效果的设计；二是服装本身具有立体感、空间感、层次感的造型设计。体使服装造型更丰富，多角度呈现服装设计美感。如图2-13所示，图a是在肩部设计的立体褶皱；图b是3D打印多层立体造型；图c是立体袋及绗缝工艺效果；图d是针织钩花立体效果；图e是创意立体造型。

（三）体的强度与工艺

体的强度受自身立体大小及周围造型对比的影响。体的设计在创新的同时需要考虑着装者的活动空间，其工艺可通过支撑材料、面料造型、层次空间等方式达到表现效果，如折叠褶皱、缝合、粘贴、堆砌、用鱼骨或铁丝撑形、充棉绗缝、3D打印等。如图2-14所示，图a是运用鱼骨或铁丝等支撑材料辅助整体造型的创意装；图b是以夸张立体袋为主的男装设计，袋的厚度决定了立体的强度，也影响创意的表达；图c的立体褶皱是泳装的主要设计，在贴身效果的对比下，强烈鲜明；图d中肩下的挺阔大翻领与衣身形成层次体感。

图 2-13　服装中的体

图 2-14　体的强度与工艺

　　点、线、面、体是所有造型作品的基础，是丰富视觉的重要元素，既可以单独强调，也可以结合运用。掌握了点、线、面、体的形状、强度、位置、配色等特质，就可利用其达到服装设计的理想效果。服装中有了面、体就有了血肉，有了线就有了骨骼脉络，有了点就有了精致的五官。但并不是每样都要有或者越多越好，安排是否新颖得当，还要根据预想目标，并参考流行趋势与形式美法则进行设计。例如，通过大小、多少、长短、疏密、明暗等对比方式达到主次有别、重点突出，既新颖又美观的效果（图2-15）。

图2-15　服装中的点、线、面、体

第二节　风格元素

一、风格的概念

风格，即独特性与差异性，在服装中可分为服装风格和个人风格两个层次。服装风格指某个时代、某个民族、某种流派或某人的服装在形式和内容方面所显示出来的价值取向、内在品格和艺术特色。个人风格是指穿着者通过服装、服饰搭配、人物形象化妆及气质共同构成的整体特色形象。对服装风格的熟悉和掌握是打造个人风格的前提。

二、流行风格分类

随着时尚文明的发展，新的服装风格在不断出现，妙难尽述。中国风、波西米亚风、朋克风等风格经过时间的洗礼，历久弥新，是服装设计取之不尽的创作源泉。

（一）中国风

中国风服装主要表现为带有中国特色元素。中国传统元素包括中国传统历代服饰元素，如汉服、唐朝服饰、旗袍、扎染、蜡染、刺绣等；也包括中国图腾、书法、繁体汉字、国画、篆刻、剪纸、青花瓷等能代表中国文化的元素。中国近、现代元素包括中山装、简体汉字、中国特有商品等，如大白兔奶糖。在设计时切忌照搬，如果只是"拿来主义"就缺失了设计的创新意义，可以运用创新款式结合中国传统元素的方法进行设计。

一些中国本土品牌注重中国风设计，包括玫瑰坊、李宁、云思木想、盖娅传说、裂帛、WOOKONG悟空等，多角度、多类别、多形式对中国文化进行了新的阐释（图2-16），在国际上也备受瞩目。这些都推动了中国风服装、中国特色文化及中国时尚产业在新时代的蓬勃发展。

图2-16　中国风服饰（"云思木想"王丹红作品）

（二）波西米亚风

波西米亚服饰风格呈现印度和吉卜赛服饰特色，具体特点有：层叠或松垮的波浪多褶裙、碎花长裙、无领袒肩花上衣、多彩图案、面料拼镶、荷叶边、垂垂吊吊的流苏、串珠、珠绣和细绳结等。设计波西米亚风格服装时需要注意花色与领口、边饰的呼应。搭配可选择平底软靴、大胆花哨的额饰、发饰、珠串等。总之，它应该是繁复、奢华、自由的，有披披挂挂、叮当摇摆的效果（图2-17）。

（三）朋克风

朋克风源于一种20世纪60年代车库摇滚和前朋克摇滚的简单摇滚乐。早期朋克的典型装扮是黑铆钉皮夹克，发型夸张。进入90年代后，后朋克风潮来临，特征是金属、皮革、骷髅、撞色图案或闪亮的水钻和亮片、多排金属钉、大型金属别针、吊链、裤链等，将服装故意撕碎和破坏，展现破碎、前卫和另类感（图2-18）。

图2-17　波西米亚风服饰

图2-18　朋克风服饰

（四）中性风

中性风是指不具备特定的性别元素的形象装扮，在服装中指男女均可穿着的T恤、卫衣、衬衫、运动装等。20世纪八九十年代的中性风主要指女性穿男性服装，展现硬朗、酷酷的假小子形象；近年，男装的轻灵、阴柔之美越发盛行，创造出了崭新的中性风格（图2-19）。

图2-19　中性风服饰

（五）巴洛克风

巴洛克风是代表欧洲文化的一种典型艺术风格，特点为繁复、奢华与浮夸。主要围绕皇室宫廷展开，如皇室家具、服饰、器皿和音乐等。巴洛克风在时装界的重要元素为典型的欧式皇家图案的应用，常以黑、白、金色为代表（图2-20）。

图2-20　巴洛克风服饰

（六）波普风

波普艺术是20世纪50年代初在美国开始流行的一种艺术文化，常以商品招贴、电影广告、报刊图片的形式出现。其特点是平凡、大众、流行，形式平面化、趣味化，以安迪·沃霍尔（Andy Warhol）的《玛丽莲·梦露》《金宝汤罐头》等作品为典型代表。随之盛行，时装界出现以波普艺术图案为设计的作品。头像、电话、麦当劳、报纸等波普风图案在裙、裤、上衣及配件中的设计愈演愈烈（图2-21）。

图2-21 波普风服饰

（七）欧普风

欧普艺术产生于20世纪60年代的法国，是精心计算的"视觉艺术"。它主要采用黑白或彩色几何形图案的复杂排列、对比、交错和重叠等手法造成各种形状和色彩的碰撞，有节奏或变化不定的活动感觉，给人以视觉错乱的印象。欧普艺术又被称作"视觉效应艺术"或者"光效应艺术"。欧普艺术下的服装设计，给人以视觉上幻化的动感（图2-22）。

图2-22 欧普风服饰

（八）未来风（太空风）

未来风源于20世纪五六十年代的人造卫星、火箭、登月等事件，在机器人、科幻小说、电影的影响下发展迅速。早期未来风设计师以安德烈·库雷热（Andre Courreges）、皮尔·卡丹（Pierre Cardin）为代表，后有蒂埃里·缪格勒（Thierry Mugler）、侯赛因·查拉扬（Hussein

Chalayan）的作品充满着新科技的机械感，当下的未来风出现了多风格的渗透与杂糅。特点主要有：太空服特征、几何形、金属感、特殊造型、特殊材料等（图2-23）。

图2-23　未来风服饰

（九）极简风

极简风来源于极简主义。德国包豪斯学校第三任校长路德维希·密斯·凡德罗（Ludwig Mies Van der Rohe）在20世纪早期提倡"少就是多（LESS IS MORE）"，即在满足功能的基础上做到最大程度的简洁。极简风长期处于现代时尚主流，带给人们的享受经久不衰。服装设计上的极简风格是几乎不要任何装饰，擅长做减法。如果廓型够新颖时尚，就不加任何其他元素；如果面料肌理够迷人，就设计简洁造型。因此，需要独到的提炼、精确的板型和精到的工艺（图2-24）。

图2-24　极简风服饰

（十）超现实主义风

超现实主义是在法国开始的文学艺术流派，在20世纪二三十年代盛行于欧洲文学及艺术界。其在艺术上表现为以"超现实""超理智"的梦境、幻觉等为灵感的画面；在服装上呈现非现实的、特殊的款式造型或图案，常用到特殊材质和技术（图2-25）。

（十一）解构风

解构风的哲学渊源可以追溯到1967年哲学家雅克·德里达（Jacques Derrida）基于对语言学中的结构主义的批判。他提出"解构主义"理论核心是对于结构本身的反感，对于单独个体的研究比对于整体结构的研究更重要。解构主义于20世纪80年代演化成一种艺术风格，在服装上表现为以破坏原型结构裁片的创新设计手段，其核心表现为打破、重组，将原型结构拆分成不规则部分，并重新缝合出新的样式，例如，将领型、袖、口袋、腰头、扣位等以新的位置或角色呈现（图2-26）。

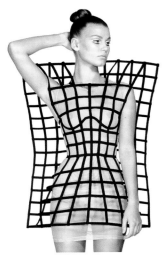

图2-25　超现实主义风服饰

图2-26　解构风服饰

（十二）混搭风

混搭是将传统上的文化背景、风格、质地等差异元素进行搭配，组成有个性特征的新组合体；在时尚界的混搭指将不同风格、不同类别、不同材质的服装与服饰品按照个人品位拼凑在一起，产生冲撞的视觉效果，从而混合搭配出完全的个人化风格（图2-27）。

图2-27　混搭风服饰

此外，还有各类民族风格、英姿飒爽的军装风格、爱穿毛线衣及戴阔边草帽的森女风格、戴大眼镜框的校园奇客风格、大号的男友风格、新兴的赛博朋克风格等。风格随着人类社会的发展而变化和衍生，呈现出多种多样的美感和特色，需要设计者不断学习和创新。

初学者锦囊　此时应边看边学边分析，并开始尝试设计

学习本章知识可以提高对服装造型要素的概括、安排能力，以及对服装风格倾向的判断能力。初学者应反复对服装作品观察并思考，分析服装元素的意义和服装语言的表达形式。开始练习设计、画稿，同时也开始接触服装的面料、辅料和工艺，了解它们的特点及风格倾向，分析它们在服装视觉上点、线、面、体的应用，缩短想象和实物之间的距离。

练习（作业）

1. 观察各类服装点、线、面、体的设计，并分析其效果。
2. 观察各类服装品牌的最新款式，思考其造型要素和风格元素。
3. 在服装设计中尝试运用不同的风格元素，注意点、线、面、体的安排。

第三章
形式运用

　　形式是物体性质的内在基础和根据。在创作中，作品内容相同或相似并不罕见，依靠不同形式安排可以使其各具特色。服装的形式很大程度地影响了设计的命脉，认识并掌握形式，可以抓住服装美与创新的规律。

第一节　形式美与错觉

一、形式美法则运用

形式美法则，是人类在创造美的过程中对美的形式规律的经验总结和抽象概括，是抛开美的内容和目的，只研究美的形式的标准。形式美法则主要包括：比例、对称与均衡、整齐与参差、节奏与韵律、渐变、主次与对比、调和与统一。它们之间具有一定的内在联系，因此设计作品可能同时具有多种形式的美感。服装中的形式美，包括款式造型的节奏美、色彩的渐变美、缝制工艺的整齐美、材料搭配的对比美等。以形式美法则为指导，能够增强对美的敏感度，提高设计的能力，更好地去创造新事物，达到美的形式与美的内容高度统一。

（一）比例

在创作和审美活动中，比例指形式对象内部各要素间的数量关系。比例无处不在，在服装款式中，可以包括点、线、面、体等各个元素的长与短、大与小、粗与细、多与少等对比因素。比例的不同对服装元素的主次、色调、潮流程度等方面有很大影响。如图3-1所示，图a整套服装中多次出现不同的线，粗细比例决定了其主次关系；图b中的超大廓型比例表达了其属于创意装而非流行成衣；图c中男装裤子的长度短于常规裤长的比例正是近年流行的露脚踝的款式特点；图d中加宽肩部的比例表达了套装的男性化倾向。

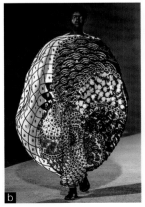

图3-1　比例运用

（二）对称与均衡

对称是组合关系的绝对平衡，在对称轴两侧等距等量，服装中常运用左右对称。对称具体包括结构、色彩、装饰、图案等元素，可带来稳定、朴实、理性、严肃、大方、传统等美感。均衡也称为平衡，是在造型不对称的情况下，保持相对的平衡关系，可带来既变化活跃又不失平衡的视觉效果。如图3-2所示，图a是对称形式，图b、图c、图d是均衡形式。图a中服装结构、色彩、图案等所有内容对称，稳定感强；图b中外套右肩有手绘图案装饰，在左袖下也安排装饰以均衡视觉效果；图c中右袖露出的浅灰与左袖开口露色、左裤腿色达到结构布局及色彩重量的均衡；图d中套装左上的条状装饰元素在右下裤上再次出现，体现视觉的平衡。

图3-2　对称与均衡运用

（三）整齐与参差

整齐是最单纯的形式美法则，无明显的差异和对立因素，给人强烈的次序感。整齐分为边缘整齐和排列整齐。边缘整齐是指服装实物边缘流畅、连贯；排列整齐是指造型元素在排列上有统一的方向和次序。参差是与整齐相对的一种形式美法则，一般是指事物在形式中长短、高低不齐的样子。参差可以带来较为自然的变化美感，更为自由和不羁。如图3-3所示，图a、图b、图c、图d是整齐形式，图e、图f、图g、图h是参差形式。图a是边缘和线迹整齐，图b是边缘整齐，图c是折叠工艺整齐，图d是珍珠与皮革的排列整齐；图e中碎碎的毛条由于方向、弯直不同而表现为参差效果；图f中黑色参差线条与整齐的木耳边、领口形成了鲜明对比，表达了整齐与参差的差异感、动静结合的视觉效果；图g中油画般不规则笔触带来线条的参差感；图h中的羽毛具有天然的参差美。

图3-3　整齐与参差运用

（四）节奏与韵律

节奏主要是通过点的排列、线条的流动与转折、要素的疏密关系、色块质感的拼接等因素的反复重叠或重复变化来体现的。韵律是既有内在秩序，又有多样性变化的复合体，是重复节奏与交替的一种自由表现。韵律具体如起伏不平的曲线、流线型运动轨迹、蜿蜒的河流、植物的藤蔓、木耳卷边等，给人一种美妙的旋律感。如图3-4所示，图a中黑斑的大小疏密分布产生节奏美感；图b中不同位置的色块安排产生节奏美感；图c中线条排列的疏密、方向产生节奏美感；图d礼服造型的反复收放产生节奏美感；图e的木耳边曲线产生韵律美感；图f的曲线及层次产生韵律美感；图g的波浪图案与粉色字母的呼应体现韵律美感；图h中曲线的疏密、起伏产生韵律美感。

图3-4　节奏与韵律运用

（五）渐变

渐变是由一种状态向另一状态变化过程的显现，包括大与小、长与短、多与少、疏与密、软与硬、虚与实、色彩、质地等元素的变化过程。

如图3-5所示，图a是面料立体应用下的色相渐变；图b在层纱的宽度和色相上都有渐变；图c是褶皱造型大小的渐变、从绿色到半透明的渐变。

图3-5　渐变运用

（六）主次与对比

主次是指在各设计要素之间主体与宾体的组合，对比是指设计要素间相反属性的组合，主次与对比相互关联。如图3-6所示，图a、图b体现主次，图c、图d强调对比。图a有两种设计手法，以对比强的图案为主，以对比弱的褶皱为次；图b的白色元素，以不规则马甲为主，以白衬衫为次；图c色彩、造型都形成强烈对比；图d简单的浅色衬托个性的牛仔设计，主次与对比均分明。

图3-6　主次与对比运用

（七）调和与统一

作品因对比过强或变化过多而产生不和谐或混乱时，可运用调和与统一法则。调和是几个要素之间无论在质上还是量上都保持着秩序和统一，使人得到一种愉悦的感觉。统一是通过对各个部分的整理，使整体具有某种共通的因素或相似的秩序所产生的一致性美感。调和与统一存在相似性，常运用呼应手法，它既适用于服装设计，也适用于服装搭配。如图3-7所示，图a的裙与外套的搭配运用色彩上的呼应调和，整体配色有变化又有联系；图b的肩部镂空与衣摆露出的长内搭呼应，色彩一致；图c中裤、袜、鞋的风格与色彩分别与上衣呼应；图d中领、袖部分的配色都呼应裙中的蓝、白、黄，效果和谐丰富；图e在深浅对比中，衣、裙、帽色彩相互穿插呼应；图f中各种色彩呼应调和，整件丰富而浑然统一；图g中上身条带与裙的图案面料呼应调和；图h强调色彩对比的同时，用一致的条纹图案和腰带进行调和，建立了差异中的联系。

图3-7　调和与统一运用

二、错觉运用

错觉是人们观察物体时，由于物体受到形、光、色的干扰，加上心理原因而产生与实际不符的判断性视觉误差。服装设计有美化人体的作用和创新视觉的要求，因此可以利用线与线的排列、形状面积、撞色对比等视错效果引导视觉，达到理想效果。如图3-8所示，图a上下两组图形相同，不同的排列方式分别呈现凹和凸的效果；图b线条排列出凹凸缩胀的立体效果；图c中三款相同外廓型的裙装，在不同面分割后分别产生收腰、阔腰、收腰拉伸下半部的错觉效果。

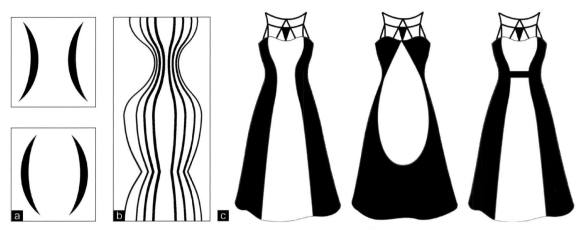

图3-8　错觉效果运用

（一）美化人体

运用错觉设计可以美化人体，根据理想的身材标准在服装上进行修饰、强化。例如，男装外套的垫肩凸显宽肩身材，加强理想的倒三角效果；女装的高腰线和高跟鞋都可以加长腿部线条。泳装为展示更理想的人体，常用错觉设计呈现收腰、凸显胸部等效果（图3-9）。

图3-9　错觉设计在泳装中的美化人体作用

如图3-10所示，图a上半部分造型较小，有缩短上半身的错觉效果，腰部设计有聚集收腰的错觉效果；图b的短外套配长裤和高跟鞋，有拉长腿部线条的错觉效果；图c的高腰线和加长裤有拉长腿部的错觉效果；图d上衣利用褶皱起到阔胸和动感错觉，腰部黑色线条有一定的收腰作用。

图3-10　错觉设计在女装中的美化人体作用

（二）错觉艺术

错觉在服装设计中的创新运用主要体现在欧普艺术中，如图3-11所示，欧普艺术风格图案会产生视幻觉感。

图3-11　错觉服装设计

第二节　服装图案

一、图案的选择与设计

图案作为最古老的艺术形式之一，在各类设计领域中起着装饰美化的作用，也是各类艺术设计的基础元素之一。服装中的图案影响风格，可以作为设计重点或主题方向，具有主导性。

（一）选择图案

针对预想效果选择合适的图案，其内容、形式、花色效果有先入为主的特点，容易影响服装风格。如图3-12所示，有复古风、波普风、田园风、中国风等图案特色效果。

图3-12　不同的图案风格

（二）设计图案

针对服装款式的预想效果进行图案的原创设计，提高服装的新颖度，保证服装的原创性和独有性。如图3-13所示，将传统创新、现代绘画风、抽象画风等创新图案应用于服装设计，款式结构无须复杂，就可以显示出独有的艺术魅力。

图3-13　图案的设计与运用

二、图案的运用方法

（一）局部独立运用

局部独立运用即图案占服装的小面积或以单独形式成为视觉中心。图案视觉效果较为突出，多位于领口、胸前等重要位置，形成服装的焦点效果。图案工艺可以运用印花、刺绣、编织、镶嵌、镂空等多种手法（图3-14）。

图3-14　图案的局部独立运用

（二）整体组合运用

整体组合运用即大面积图案或多个图案一起运用于服装。主题风格、色调相同或相近的图案，易产生和谐效果；相反，则为冲撞效果。设计时需要考虑整套效果来安排图案构图，运用形式美法则中的主次、呼应、节奏等方式，做到有主有次、多而不乱（图3-15）。

图3-15　图案的整体组合运用

（三）立体创新运用

立体创新运用即运用服装工艺将图案局部或整体再加工制作，可利用钉珠、植绒、堆砌褶皱、装饰配件等立体手法达到立体创新效果（图3-16）。

图3-16　图案的立体创新运用

（四）图案优先完整运用

图案优先完整运用即保证图案的完整性不受裁片形状的限制，甚至影响裁片形状、外轮廓而呈现非常规的造型，如图3-17所示的文胸套装设计，图案影响了文胸的外轮廓，显得独特而有张力。如图3-18所示的服装图案没有因为裁片裁开而分割，保持了图案的完整性。如图3-19所示，川久保玲（Comme des Garcons）的系列作品以图案的完整性为优先，图案造型影响服装造型或者直接作为服装廓型，区别于常规服装的规矩边缘，体现创新性与艺术感。

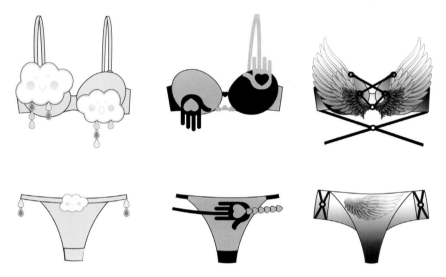

图3-17　文胸套装设计中的图案完整运用

图3-18　各类服装中的图案完整运用

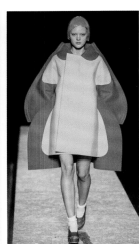

图3-19 川久保玲作品

初学者锦囊 此时设计开始提升

　　学习本章知识可以提高初学者在服装设计中对美感的体验和运用能力。经过反复对服装作品观察并思考其形式美感，可提升审美水平和艺术素养。在创新的基础上，运用形式美法则对自己的作品进行修改、完善。同时，灵活运用错觉、图案，可以发挥其在服装设计中的魅力。

练习（作业）

　　1.说出服装作品中多种形式美运用，并分析其主次。

　　2.利用错觉设计一套服装。

　　3.选择一个图案，在一套服装中进行图案优先设计。

第二部分
设计方法篇

了解创作的多种思维及途径，掌握服装款式造型的设计方法、色彩运用及搭配的设计方法、面料搭配与面料再造的设计方法和实践手段。结合第一部分的基础知识将设计能力和创作水平进一步提高。

4

第四章
创作思维与途径

　　国际知名设计师约翰·加利亚诺（John Galliano）曾说过，他看到任何事物都会联系到服装。作为一名设计师，需要有这样主观能动的联想，需要活跃灵动的想象力使创作不拘一格；同时，可以熟练地在不同要求下运用不同思维方式进行创作。

第一节　创作思维

创作需要联想，需要想象力，这是一切设计思维的基础。联想和想象力可以激发创作灵感，也可以判断设计的预期效果。如图4-1所示，从自然事物"鲸鱼"的形象联想并设计出其图案化效果，再将其应用于服装，甚至将整套童装造型想象成鲸鱼。如图4-2所示，从自然事物马尔代夫的"星星海"联想到亮片在深蓝色面料上的运用，最终设计在文胸上，并在鸡心处增加"月牙"亮片，深化主题场景效果。

图4-1　创作的想象力（1）

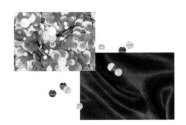

图4-2　创作的想象力（2）

一、逻辑思维

逻辑思维是指正确、合理的思维，即对事物进行观察比较、综合分析、判断推理的思维方法。服装创作上的逻辑思维，表现为根据设计定位、流行趋势、轮廓造型特点、色彩面料规律、对象年龄、地理气候、成本与市价等进行合理构思的创作。逻辑思维创作目标明确，目的性强，不易出错，适用于大众流行市场，应用面广，是商品设计常用思维。如图4-3所示，图a中婚纱长摆的薄纱和蕾丝的运用属于逻辑思维；图b中礼服结合了近年流行的露肩设计。

图4-3　逻辑思维创作作品

二、发散思维

发散思维是指大脑在思考时呈现的多维扩散状态的思维方法，如"一物多用"的方式，是创造性思维的代表。服装创作中的发散思维表现为：充分联想、想象，将与设计命题相关甚至无关的信息引入设计方案，并实现其与服装结合的共同性、合理性、新颖性。如图4-4所示，图a中背包运用了欧式建筑设计；图b由男士配件"领带"构思到女士礼服；图c中T恤图案的构思发散到服装之外，充分考虑服装与人的联系和着装效果；图d中的创意装利用张开的嘴巴造型与袖口结合；图e中的沙滩鞋利用水中的鱼形设计造型；图f中羽绒服的手部动作满足了"温暖"这一心理需求。

三、聚合思维

聚合思维是把广阔的思路聚集成一个焦点的方法，从不同来源、不同材料、不同层次探求出一个正确答案的思维方法。在服装设计上的表现为综合设计命题相关的多种信息，分析、比较后得到更有价值的针对性方案。

图4-5是第六届中国服装设计师生作品大赛的参赛系列设计图，大赛主题为"融合·共生"，设计师由此开展广阔的思考，找到万物共生的要素之一——水，联想到人类文明的发源地——江

图4-4 发散思维创作作品

图4-5 聚合思维创作作品"上游·下游"

河，随即找到具有概括性和代表性的主题"上游·下游"。主题含意为上下游的人们都应该更好地尊重并保护水资源，保护自然，使生态平衡，万物长久共生，紧扣主题。具体服装设计时选择有水流特点的深蓝色褶皱面料做立体造型，表达河流的多种抽象形象；用衬衫、领带等代表人类文明，将其结合运用，表达主题"融合·共生"。

四、逆向思维

逆向思维是改变固有模式，从相反、对立的角度分析，提出全新的、非常规的创造性思维方法。这具有挑战性和一定的冒险精神，运用在服装设计上能达到独特的创意效果和新奇的感受。如图4-6所示，图a中设计反穿紧身衣，增加一对袖子并把袖口反向向上；图b中将内衣外穿；图c中将原本在服装内部的口袋故意外露；图d中西装设计改变了结构位置，连续驳领设计、多一条袖子在腰间垂下作装饰结构，且服装不正穿而向侧面扣合。

图4-6 逆向思维创作作品

第二节 创作途径

服装设计的创作途径很多，设计者的思维方式和表达手法千差万别，形成了精彩纷呈的服装世界。如图4-7所示，可直接参照蝴蝶兰实物形象，从其造型出发设计出有花瓣层次的连衣裙；也可先设计出花朵图案，再组合成理想图案，最后装饰于连衣裙上。

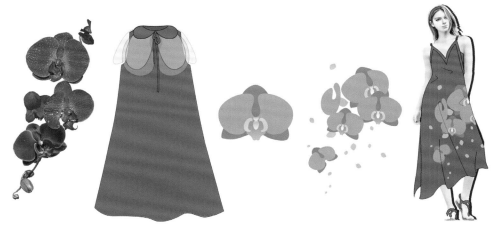

图4-7　基于蝴蝶兰的不同服装设计

归纳起来，创作途径主要分为灵感、调研和无稿立裁三种，其间既有联系又有差异。

一、灵感

灵感是无法自控的、创造力高度发挥的突发性思维，多出现于信息刺激和积累之后的某个瞬间，偶然在头脑中迸发出来顿悟式的想法。它常在融合了多种信息、创作者主观审美愿望及经验后，快速而短促地产生在任何时间和地点，且会随着时间渐渐消失。服装设计的灵感来源可以是大自然、艺术、社会生活等各类事物形象，要求设计者具备联想、快速记录的能力（图4-8）。

图4-8　灵感图与服装创作

　　设计时通常把主题方向相关的多个灵感图整理到一个灵感版上进行构思。如图4-9所示，水墨点染、浓淡渐变的国画艺术和现代西方怪诞线条绘画共同触发了设计者的创作——《渐》。如图4-10所示，灵感源于古希腊神话故事，选取翅膀造型进行外饰设计，夸张的翅膀翻卷而上，与精美内衣、配件共同构成了T台上的女神形象，再加上光泽性材料和精湛的制作工艺，充分展示了美轮美奂的舞台效果。服装整体造型充分表达了灵感主题，精彩而富有底蕴。

图4-9　何树婷作品《渐》

图4-10　"维多利亚的秘密"之《女神》主题灵感设计

二、调研

调研是通过对流行趋势、文案、市场
等方面信息的调查研究、归纳、筛选、分
析和总结，以此发现、探求服装市场动
向，把握潜在需求和未来发展趋势，提出
应对方案，并为确定设计方向、未来的经
营决策提供科学依据的重要环节。服装调

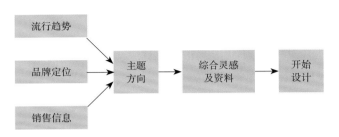

图4-11　调研方法流程

研包括对流行趋势、消费者、经济因素、竞争对手、产品、市场、文化媒体等方面的调查与分析。
调研后再设计，目标清晰，方向明确，有的放矢，针对性强。调研要求设计者将调查信息进行整
合，寻找典型主题风格或与众不同的切入点，再开始设计、修改，选面料并进行打板制作。流程
及整理形式如图4-11、图4-12所示。

图4-12　流行趋势整合

三、无稿立裁

立体裁剪是将坯布或面料在人台上直接造型的创作方式，可经修改确定款式后再进行真正的
缝制。无稿立裁在没有设计稿、只有面料和人台的条件下，设计师亲手把弄面料，边创作边用珠
针固定，边思考边修改。这是一种特殊的设计方法，是尝试性的服装创作，具有一定的偶然性。
这也是在纸上无法设想出的，其实践过程中的变化性和偶然性也是不可替代的。

如图4-13所示，此款立体外套是直接用较大圆形面料放在人台上创作而成的，参考北京服装

学院邱佩娜老师创意立裁课的设计教学，由一整片布剪、叠而来，黑红双色面料能更好地突出设计的款式特点和空间关系。首先，将一片剪裁好的圆形面料对折，在虚线处剪开，得到领口和袖口，然后将下摆的中点提至领口中点缝合，再将两侧下摆两点分别提至两个肩点折叠缝合后即可得到最终的多层次造型。这种创作无须从画效果图开始，也不是画效果图就可以预见最终效果的。如图4-14所示的立裁造型，是现场延续图4-13进行的背部造型设计，不同设计者对折、缝处的处理不同，会得到具有个人风格的原创款式。

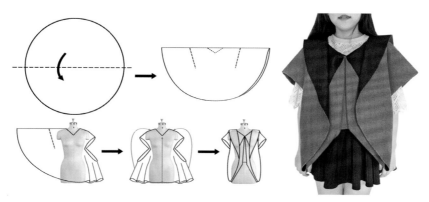

图4-13　无稿立裁步骤及成品图

图4-14　背面的无稿立裁创作

初学者锦囊　此时尝试不同的创作

　　本章知识提供了多种思维方式及创作途径，使设计形式多样化。初学者对每种方式方法都进行尝试，可以提高形象感知与联想的能力，开阔设计思路，激发想象力，拓宽创新手段，积累经验后可灵活运用于不同类别的服装设计。

练习（作业）

　　1. 随机选取任何事物作为灵感运用于服装设计。
　　2. 参考最新流行趋势，选择一个灵感主题，运用不同的思维方式创作不同的设计。
　　3. 运用特殊面料（褶皱布、弹力布、杜邦纸等）在人台上进行无稿立裁创作。

第五章
服装设计三要素

　　服装设计中的三要素包括：款式、色彩、材料。设计时需要充分掌握三者的理论知识和实践方法并灵活运用，结合设计的基础知识共同来完成每件作品，提高设计能力。

第一节 服装款式设计

一、外轮廓设计

服装的外轮廓是指服装外部造型的剪影形状，容易给人留下第一印象。不同的轮廓可使服装或优雅迷人，或俏皮活泼，或大气干练……如图5-1所示，同一件短上衣配不同款式的下装形成轮廓的差异效果。外轮廓影响服装的风格特色和舞台效果，也同样影响创意程度：特殊或夸张的造型创意度较高，舞台张力明显；相反则更趋向于生活化、商品化、常规化。面积、体积较大的服装偏隆重，反之则偏轻巧。如图5-2所示，夸张和隆重程度从左到右逐渐递减。

图5-1　不同外轮廓搭配差异

图5-2　外轮廓夸张程度对比

外轮廓的设计主要有字母与仿生、几何组合和不规则形。

（一）字母与仿生

从20世纪四五十年代开始影响至今的经典服装廓型包括H、A、X、O、Y等字母形，以及郁金香形、喇叭形、茧形等仿生型。它们涵盖了多数常用服装的外轮廓，现代服装设计常以此为借鉴。如图5-3所示的A形羽绒外套、H形外套和蝶形礼服。这些廓型在系列服装设计中对节奏感的把控和拓展款式方面起到重要作用。

图5-3　字母与仿生服装外轮廓

（二）几何组合

长方形、三角形、椭圆形、梯形等常见几何形本身既可以作为服装外轮廓，也可以作为单件轮廓，与其他几何形组合出新颖的外轮廓。设计的顺序一般由上至下，考虑服装风格的需要、造型收与放的节奏感，组合成理想的外轮廓（图5-4）。

图5-4　几何组合服装外轮廓

（三）不规则形

不规则的外轮廓一般不易归纳为某种常见造型，其设计旨在打破常规，作品效果常常出其不意、新颖奇特。这种廓型适用于舞台表演、服装大赛上的创意服装中，设计时注意比例、节奏与韵律、主次等形式美法则（图5-5）。

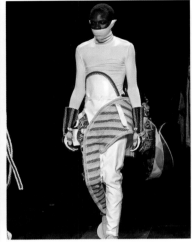

图5-5　不规则外轮廓创意服装设计

二、内结构设计

内结构是服装内部衣片的组合造型，如领子、前片、后片、袖片、育克、口袋等，内结构设计就是衣片形状、比例、位置、体量上的变化设计。内结构的设计存在多种方法，既可以进行各种造型的分割拼接，也可增加或减少裁片，或者选择某个裁片做立体效果等，具体方法如下。

（一）构图法

构图法是运用分割、装饰线等方式在服装内部划分区域，使服装形成不同面组合的方法。分割后可原布拼接，也可更换不同材质、花色的其他面料拼接来强调变化，形成服装内结构的构图效果。从造型的角度来说，分割可以省去多余部分缝合，使服装合身；也可以改变每片形状，再缝合使服装形成新造型（图5-6）。装饰线运用对比线条表达内部构图，衣片无须裁开，是视觉上的内结构设计，更自由灵活，如撞色条、绗缝线等（图5-7）。

（二）变型法

变型法是将服装原型结构进行移位、转换应用、变化设计等。如图5-8所示，图a中裤子款式设计是将背带裤常用在背部的交叉结构移动到正面；图b中外套应用了很多逆向思维，如袋盖也

图5-6　构图法拼接设计

图5-7　构图法装饰线设计

是巧妙地上翻作为装饰结构；图c中西装本来左右各一的挖袋被移动为两个在同一侧，且另一侧衣身纵向切口；图d中西装的一侧转换了中式领型，加了结构层次并用对比配色强调出来。

图5-8　变型法设计

（三）局部造型法

局部造型法是将衣领、袖子、口袋、腰头等局部进行创新设计。如图5-9所示，图a的裤腿与口袋盖结合，下用拉链使其可开合；图b的连帽与领部造型区别于常见款式；图c是肩部开口、带子与驳领结合的独特设计；图d为可开合袖口装饰效果设计；图e的衣襟不对称且形状特别。

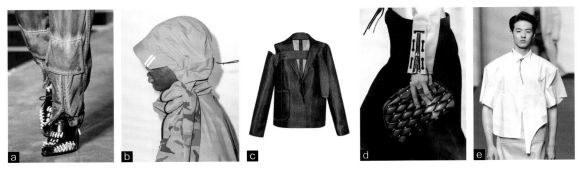

图5-9　局部造型法设计

（四）褶皱法

褶皱是服装造型的常用手法，具有立体感强、细节丰富、有方向感或浪漫等视觉特点；同时又有缩放空间的作用。设计时，需要参考烫压、折叠、抽褶、衣片悬垂等工艺手段，同时也要考虑面料的不同薄厚、软硬，制作出的不同褶皱效果（图5-10）。

图5-10　褶皱法设计

（五）加减法

加减法是在服装造型中增加或减少结构、面积的方法。如图5-11所示，图a中男衬衫加裁片后层次和细节丰富；图b中礼服加拖地披风更加大气、飘逸、隆重；图c中外套添加其他款式的领子成为新奇焦点。再如图5-12所示，图a中裙子的深V领降到更低，性感大胆；图b中上衣多处减缺结构，成为个性装饰；图c中连衣裙挖空部分区域，简约大胆；图d中灰外套直接剪掉下半段袖子并只缝合上半部分袖山，新潮前卫。

图5-11　加法设计

图5-12　减法设计

三、多穿型服装设计

多穿型服装设计主要考虑人体结构、支点与服装开口、开合的关系，尽可能给各种穿着造型的可能性留出空间。著名设计师侯赛因·卡拉扬（Hussein Chalayan）曾让模特"一秒变装"，日本设计师渡边淳弥（Junya Watanabe）设计过一款能上下颠倒来穿的运动衫，三宅一生、川久保玲等设计师都设计过多种穿法的服装。多穿型服装设计的原理依赖于人体与服装工程的关系，如图5-13所示的人体躯干和四肢的三维立体模型，左侧人体上的蓝色环线表示的是服装在人体上着装时的支点，即上衣主要有肩、胸上围的支撑，下装主要有腰、胯部的支撑。右侧人体上的红色环线表示服装的开口处，即领、肩斜、袖窿、腰围、臀围、裙摆、裤口等，结合左、右两图的尺寸信息，支点和尺寸相差不大的开口，可结合在一起构思，以实现多种穿法的不同造型设计。

多穿造型设计的具体方法如下。

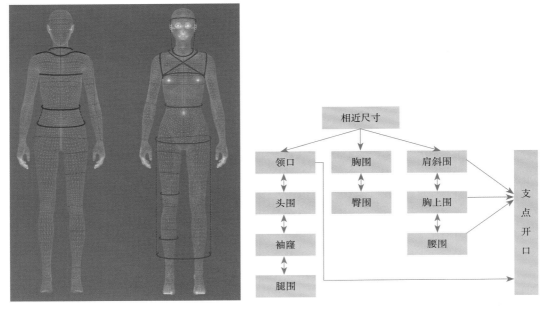

图5-13 多穿型服装设计

（一）移位互换

设计时将服装两个对立或不同的结构进行位置或空间交换，使之都成立，并达到多种造型的方法。常见的几个类型如下：

（1）前后互换：前后片款式相异又均可作为正、背面。这需要考虑后领深、袖山等，一般适宜宽松款设计，如图5-14所示。

（2）上下互换：人体上半部分结构，如领口、袖口、腰摆和下半部分的裤脚、下摆等结构互换，如图5-15、图5-16所示。

（3）内外互换：服装的内里可以作为外面，选用两种面料或双面面料，在成衣中应用广泛，如图5-17所示。

图5-14 前后互换设计

图5-15 上下互换设计（1）

图5-16　上下互换设计（2）

图5-17　内外互换设计

（4）正侧互换：服装正面与侧面可以互换穿着，展示不同款式效果。如图5-18中，左边款的肩带由A与C、B与D分别系结；而右边款则是A与B、C与D分别系结，使服装的正面和侧面可以互换，并使着装成立。

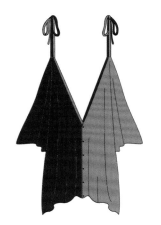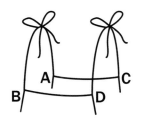

图5-18　正侧互换设计

在常见的互换结构基础上，遵循开口、支点的规律进行灵活性设计，突破服装的固有款式，达到自由互换手法下的更多造型效果。如图5-19所示，毛衣领和露肩开口形成互换。如图5-20所示，两个领口互为功能结构和装饰结构。再如图5-21中的裙，既可以是连衣裙，也可以是半裙，其设计方法即运用多穿型互换的思路设计松紧边。其中，图a造型为抹胸中长连衣裙，图b为斜肩中长连衣裙，胸上围和颈腋围的尺寸相近，可以互换开口，在腰间再多加一条相同的弹力字母带，强化了图a、图b裙子的造型变化。同样是尺寸近似的设计思路，图c为半长裙造型，上面的裙片遮挡了两处袖窿弧开口，并增加了裙子的层次感。图d为披肩式连衣短裙，穿着时手臂可从下层裙的袖窿弧开口处伸出，同样是利用开口互换的思路，外加一条相同的弹力字母带，塑造不规则的差异感造型。

图5-19　自由互换设计（1）　　　　　图5-20　自由互换设计（2）

图5-21　自由式多部位互换设计（"exciTING"王婷作品）

（二）开合拆卸

将服装的部分设计成可开合结构，既能拆卸也能安装，使服装具有不同造型和功能。例如，帽衫在领围处以拉链或暗扣闭合，打开即可变为无帽衫；长裤在大腿处分割并以拉链、暗扣或魔术贴等闭合，下部可拆掉变为短裤等。图5-22中的黑色上衣在袖窿处设计有细绳，袖子结构可系上也可拆掉。再如图5-23长袖外套在袖山处做开合设计，袖子可拆掉变为无袖外套；长外套的腰节处做开合设计，下部可拆掉变为短夹克。

图5-22　拆卸法多穿型设计（1）（"山谷少年"李文杰作品）　　图5-23　拆卸法多穿型设计（2）

（三）缠扎

缠扎为用较多或较长面料在人体上进行缠绕并固定，使多种穿着成立。人体正、侧、背、颈、肩、腰等部位都是被缠绕的对象，设计上给穿着者留出可变化空间。利用扎、系、交叉、绕、卷、缩褶、绑带等方法，配合弹性面料使服装新颖舒适，且有多种变化。如图5-24所示展示了一款连衣裙的八种穿着方式，充分利用了弹力面料容易包裹和缠绕人体并使服装造型成立的特性，八款连衣裙各具特色，满足人们对新颖性的追求，穿着者可参与设计。再如图5-25所示为上衣的缠扎法多穿型时装设计。

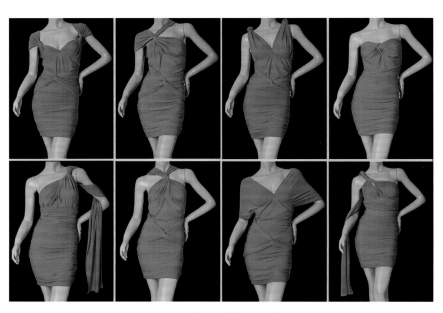

图5-24　缠扎法多穿型设计（1）

图5-25　缠扎法多穿型设计（2）

第二节　服装色彩设计

色彩是服装设计中的重要因素，与外轮廓一起影响观赏者的第一审美感受。色彩的选择与搭配是服装设计的重要环节。

一、色彩原理

色彩总体分为无彩色系和有彩色系：黑、白、灰属于无彩色系，只有明暗差异；其他红、橙、黄、绿等颜色为有彩色系。

（一）色彩三要素

色彩有色相、明度、纯度三大属性（图5-26）。色相指色彩不同的相貌，例如红、橙、黄、绿、蓝、紫等。明度指色彩的明暗程度，也可称色彩的亮度、深浅；同样体积的情况下，明度高的感觉较轻，有膨胀感，明度低的感觉较重，有收缩感。纯度指色彩的鲜浊程度，也称为彩度、饱和度、鲜艳度。

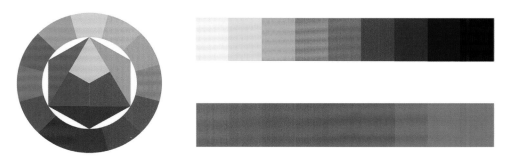

图5-26　色相、明度、纯度

（二）原色、间色与复色

色相环上的红、黄、蓝被称为三原色，可调配出其他色彩；由两个原色相混合得出的橙、绿、紫是间色；复色是两个间色混合或三个原色混合得出。

（三）色彩关系

色彩之间的关系可参考图5-26所示的色相环。同类色指色相性质相同，在色相环中30°范围之内的颜色；邻近色指色相环60°范围之内的颜色；对比色指色相环120°～180°范围内形成较强对比的两种色彩；互补色指色相环上角度为180°、互相映衬得最浓郁、对比最强烈的两种色彩。冷暖色与人对自然的感受一致，即与火焰、烛光等相近的橙红色属于暖色；与湖水、大海等冰冷感觉接近的青蓝色属于冷色。

二、色彩运用

（一）色彩的情感

色彩有不同的情感表达：红色热情喜庆、粉色甜蜜可人、橙色阳光积极、黄色娇盈温暖、绿色舒适生机、蓝色清新深远、紫色梦幻神秘、白色圣洁纯真、棕色成熟优雅，黑色深沉自我。当服装设计选择单一颜色时，色彩选择起着明显的情感作用，例如婚纱设计选择白色表达纯净的爱；要表现神秘恐怖的感觉时选择黑色比粉色、黄色效果明显得多。另外，服装用单色时和谐统一感最强，款式造型和面料可以尽情发挥其特点。如图5-27所示，在单色作品中，色彩情感倾向一致，服装的造型设计、面料质感、材质细节等方面显得非常突出。同时，服装的整体感强，着装效果更大气。

图5-27　单色设计

（二）色彩搭配的情感

色彩搭配是指多种颜色组合在一起的色调，形成某种视觉感受，传达某种情感，从而引起认知共鸣。例如深紫色与玫瑰色、金色搭配表达奢华富贵；深紫色与深蓝色、灰褐色搭配表达忠厚稳重；深紫色与玫瑰色、浅粉色搭配表达女性气息；再如黑色与暗红色不适合表达明媚的气息，艳橙色与粉绿色很难搭配出雅致的格调。如图5-28所示的配色展示了色彩搭配给人的感受差异，各种配色传达的情感信息不同，应按需设计。

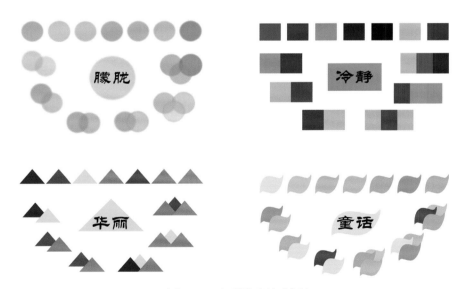

图5-28　色彩搭配情感倾向

（三）色彩搭配规律

色彩搭配的总规律可概括为：色彩三要素差别大，配色效果强烈鲜明；差别小，则协调统一。具体可归纳为以下常用方法。

1. 同类色搭配

同类色搭配指选择相同的色相组合，效果相对统一、和谐、稳重、整体感强，可通过明度、纯度调整对比与变化。如图5-29所示，图a效果整体，明暗稍有层次变化，是男装常用搭配法；图b为同色系拼合，但明度和纯度均有差异，形成对比效果且庄重大气；图c为多个明度差的同类色交叉对比效果，视觉更加丰富又有内在联系。

图5-29　同种色搭配及调节明度差效果

2. 近似色搭配

近似色搭配指选择相近的色相组合，有对比效果但较为柔和、和谐。如图5-30所示，图a礼服的蓝绿近似色优美和谐；图b的紫与蓝整体大气，加入黑色图案后则达到强烈、突出的对比效果。

图5-30　近似色搭配及加入强度比效果

3. 对比色、互补色搭配

对比色、互补色的搭配，可达到变化大、有力、对比强的效果，甚至强烈到炫目；但若处理不当，易产生幼稚、粗俗、不安定、不协调等不良感觉。可采取减少色彩数量、统一造型与材质、加强主次面积对比、调整明度纯度差等方式进行调和。如图5-31所示，图a为红绿搭配，在裙装的大面积绿色上点缀了红色；图b为蓝、橙搭配，主次关系明显；图c以紫色为主，整体效果大气，黄、黑、白色的细条纹穿插其中，活跃了视觉效果，并配以黄包作为呼应。

图5-31　互补色搭配设计

4. 灰调搭配

灰调搭配指在配色时选择灰色或纯度较低的色彩组合，效果柔和而低调，层次丰富，视觉舒适且富有高级感（图5-32）。

图5-32　灰调搭配设计

5. 无彩色系搭配

使用无彩色系黑、白、灰的搭配，是单纯的明暗对比，简约、素雅、低调、经典，容易产生艺术感。另外，无彩色系与有彩色系搭配可以很好地突出彩色，彩色也可在素净的整体效果上添加一份活跃性和丰富感；反之，无彩色系可以使纷繁的花色更显稳重、视觉更舒适（图5-33）。

图5-33　无彩色系搭配设计

另外，配色效果与面积大小、排列顺序等因素也有密切关系，面积大的色彩为主色调，面积小的色彩则为副色，更小的为点缀色，主次分明的色彩搭配可使服装效果丰富而舒适。概括来说，在生活装、职业装中，整身衣服及配件的配色尽量不超过三个；有丰富色彩图案的单品搭配其他单品时选择图案中的一种色，更容易产生和谐效果。在创意表演类服装中，颜色的搭配没有限制，可根据创意预想效果大胆尝试，但越多越不易把握，应注意对比与统一、主次呼应等形式安排。如图5-34所示，图a中叠穿搭配小众个性，色彩多样但以灰调为主，橙色绳带为点缀色，有多处色彩呼应；图b属于时尚生活类服装，图案精致，色彩艳丽，与无彩色系搭配并与花色呼应，达到丰富而协调的效果；图c属于创意表演类服装，色彩繁多而相互呼应，整齐而有节奏感。

图5-34　不同类别服装配色设计

第三节　服装材料设计

一、材料选择

服装材料是实现服装设计构思的载体，有软硬、薄厚、花色、质感、垂感、肌理等方面的不同，影响服装造型、档次、韵味。服装材料可根据设计风格选择棉、毛、丝、麻、化纤、皮革等，创意类服装设计还可以选择纤维、纸、塑料等。

（一）面料的特点

面料特点包括质感带来的不同效果，或奢华，或精致，或质朴，或温暖……如图5-35所示，相似的配色，但不同材质呈现了不同的质感。

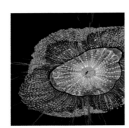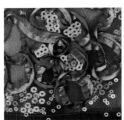

图5-35　相似配色下的不同材质

面料特点还包括软硬、薄厚、悬垂、伸缩、挺阔等，其差异使款式设计的造型效果受影响。如图5-36所示，在不同面料上做褶皱，造型有柔顺、尖锐、硬直、浑厚等不同效果。

（二）辅料的特点

服装外部的辅料具有装饰性，有的也兼具功能性，包括花边、绣片、纽扣、拉链等，在一定程度上影响服装风格，甚至是服装焦点（图5-37）；服装内部的辅料可以辅助实物成型，包括垫肩、里衬、鱼骨等。

图5-36　不同质感面料的褶皱差异效果

图5-37　辅料在服装设计中的作用

二、面料再造

面料再造是面料的二次设计，需改变材质原有表面形态，产生新的艺术效果。面料再造是创作与技术的高度结合，可增加服装设计的创作表现力。具体方法如下。

（一）加法

1. 增加装饰物

增加装饰物是通过缉缝线迹、钉珠、粘钻、绣花、夹棉、戳毛毡等方式，添加其他材料形成肌理或图案，改变原面料的方法，效果丰富多彩（图5-38）。

图5-38　增加装饰物的加法面料再造

2. 增加造型

增加造型可以通过对原面料的折叠、抽缝、高温定型、编织等方式，使原本平面的面料呈现富有立体造型的方法，色彩与质感统一，肌理感强（图5-39）。

3. 增加花色

增加花色可以通过手绘、印花、滴溅、扎染、蜡染、原创印花等方式改变原面料样貌，艺术感强（图5-40）。

（二）减法

面料的减法再造是通过剪切或制作空缺、损坏表面等工艺手段，使材质呈现空、透的美，或不完整的、破烂的残缺美。这虽然看似不完整，但最终效果却充满新意，丰富了面料的空间层次，从新的角度诠释"少即是多"。

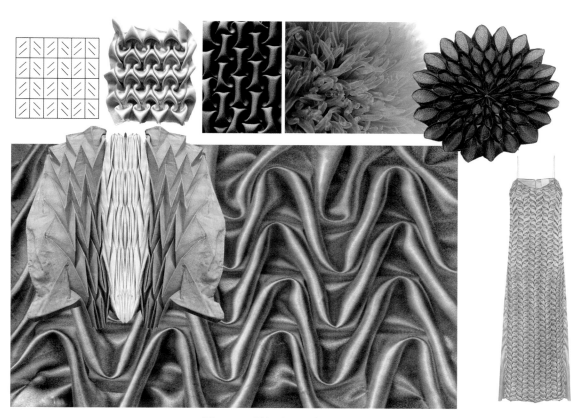

图5-39 增加造型的加法面料再造

图5-40 增加花色的加法面料再造

1. 制造空缺

制造空缺是运用编结、拼布等方式组合面料时留出空缺减法而形成的面料再造效果（图5-41）。

图5-41　制造空缺的减法面料再造

2.损坏

损坏是在完整的面料上通过割纱、抽纱、撕裂、火烧、磨洗等方式减损面料表面的完整性，从而呈现被损坏的减法面料再造特殊效果（图5-42）。

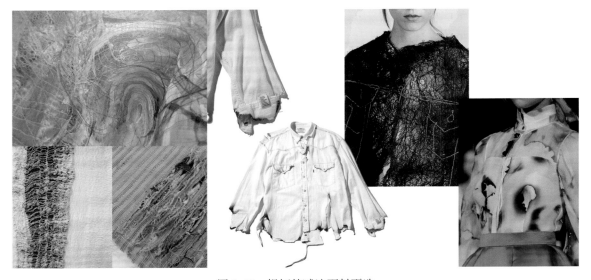

图5-42　损坏的减法面料再造

3.剪缺镂空

剪缺镂空是运用剪切、激光切割、挖空、烧花等工艺手段使面料表面产生空缺，从而得到因空洞产生的图案层次。如图5-43所示，有单纯的挖空，也有结合图案选择性的切空，以及切开后再设计的造型。

（三）组合法

组合法面料再造是将以上多种方法任意组合，但需注意主次关系。如图5-44所示，为剪缺与折叠、加花等的组合，安排好形、色、质的主次和节奏，使服装面料新奇而协调。

图5-43 剪缺镂空的减法面料再造

图5-44 组合法面料再造

三、特殊材料

特殊材料的运用主要适用于创意服装、舞台展演服装、服装设计大赛或成衣商品的局部装饰，可以带来新鲜的视觉效果。很多特殊材料都登上过T台，包括泡沫、纸类、餐具、食物甚至轮胎等。香奈儿秀场上出现过整个系列的纸制头饰，中央电视台"时尚中国"大赛中也出现过选用厨用蒸屉设计的创意装……选择特殊材料时需要充分发挥其优势，如硬度、挺括度、光泽等；不宜过重或妨碍着装者活动。如图5-45所示，设计作品运用了编筐带、气球、海绵条、彩色塑料、金属片、巧克力、甜甜圈等。

图5-45　特殊材料服装设计

科技的发展也拓宽了服装设计中特殊材料的发展空间，例如近年流行的3D打印技术。3D打印制作服装所用的原材料涉及尼龙玻纤、耐用性尼龙材料、橡胶类材料等，在制作上一次成型，制造快速，省去了传统工艺的多道工序。这使设计师们能够随心所欲地进行设计与制作，真正实现了个性化。荷兰设计师艾里斯·范·荷本（Iris van Herpen）就用此技术给时装界带来多场无与伦比的视觉盛宴（图5-46、图5-47）。

图5-46　艾里斯·范·荷本3D打印服装设计（1）

图5-47　艾里斯·范·荷本3D打印服装设计（2）

初学者锦囊 此时确定最终方案与细节

　　本章系统地讲解了服装设计三要素的设计方法，为服装设计的实践打下基础。初学者应围绕三要素的创新进行设计和调整，并结合前几章的知识内容共同确定细节和最终方案。同时，选择合适的面料、辅料以及工艺手法，为制作做好准备。

练习（作业）

　　1. 分别设计常规的和不规则的服装外轮廓，并进行多种内结构方案的设计。

　　2. 完善设计稿，确定款式结构、细节、配色、面辅料。

　　3. 练习对同一设计稿进行多种方案的面料搭配设计，用真实的面料小样扫描并拼贴画面。

第三部分

设计实践篇

　　了解创意实践的过程和要素、服装展示的手段，掌握系列装的概念和设计方法，熟悉艺术系列和成衣系列的不同要点。在此基础上，结合前两个部分进行设计实践。

6

第六章
创意设计与实践

　　服装设计从创意到制作实物，再到以理想的形式呈现，整个过程需要多个环节。反复尝试这个完整的过程可以不断积累从创意构思到制作实物的经验，缩短平面到立体的空间距离，有助于增强设计能力，提高设计者从构想、面料的选择到服装成型效果的正确判断力。

第一节　从创意到实物

一、创意设计完整过程

服装创意设计与实践的完整过程包括分析流行趋势、确定主题方向、查找灵感来源、绘制效果图及结构图、选择面辅料、制作实物、真人模特着装、造型搭配及拍摄、后期图像处理。制作实物是真正检验设计构思的环节，实现从想象到现实的过程，涉及真实的比例、面料成型效果和立体层次等多方面问题。因此，反复练习此过程，是积累设计经验、提高设计能力的必要过程。

（一）造型变化

在服装中，无论板型还是创新造型都表达着不同的信息，观察并分析其中差异可以积累更多的表达方式，也可以使构想效果在实物上体现得更加准确。如图6-1所示，图a、图b是看似相似的简约外套，其实型的差异很大：图a中的肩线平且加宽、垫肩明显、肩到袖转折成尖角，加之收腰造型对比，彰显力度、硬朗与果断；图b在肩、袖部进行多处创新分割设计，使轮廓转折呈圆弧状，在传达低调个性的同时伴随着舒适与柔和。

图6-1　型的变化（1）

　　实物要达到新造型效果，需要大胆改变板型的尺寸或利用假缝手段多次调整。如图6-2所示，图a服装的袖山移位、领线移位加宽、肩襻移位、袖长加长，一系列在结构板型上的变化组合传达新的"型"感；图b服装在所有的结构尺寸都放大之后将流行的大廓型发挥到极致。

图6-2　型的变化（2）

　　设计时反复对比效果图，分析型的外轮廓和各部分比例，将服装调整至最理想状态。如图6-3所示，上衣创新造型的制作采用立体裁剪的方式，用珠针暂时固定或假缝，反复尝试后最终确定理想方案。

图6-3　型的变化（3）

（二）工艺变化

了解多种工艺形式与效果，实操并反复体会、判断实物作品传达的风格与意境，并在此基础上进行创新尝试。如图6-4所示，同样来自海浪的灵感元素，分别运用刺绣、抽纱、缩褶、规律做褶工艺呈现出不同的效果。

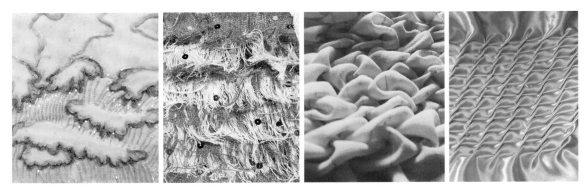

图6-4　源于"海浪"元素的不同工艺效果

如图6-5所示，手绣需要先将图案按裁片面积一比一画好，用可褪色笔誊描在面料上，再用绣花线、珠、钻等装饰物按规律针法缝制，比机绣更柔软、自然、立体、独一无二。

图6-5　"KEI LAM"童晓妍作品（制作过程）

如图6-6所示，由于有些皮革不适合自定义烫印，创作者尝试用手绘涂料的方式给皮革加上图案，在手绘过程中又尝试在面料上只画一边，再按中轴折叠贴印的方式使图案左右完全对称的新手段。手绘图案因挤压变化而形成的图案无可代替，如泼墨充满艺术感，不是画效果图时可以预见的。如图6-7所示，整套服装运用了多种工艺手法：上衣为皮革和纱的拼接，胸前运用了激光烧花的白色图案，衣摆处的透明面料贴缝细小的黑色皮革，胯部贴缝白色皮革，裙摆拼接带手绘图案的白色皮革。

图6-6 翟伟东、李雄作品（1）

图6-7 翟伟东、李雄作品（2）

可以说，型、工艺都是设计的一部分，设计师尝试从创意到实物的过程，对实物进行真人着装视检，再回审最初的构想，反复此过程以提升设计能力。如图6-8所示作品"东方魅力"，如图6-9、图6-10所示作品"三尺雪"，如图6-11所示作品"不染"，均展示了从主题构思到制作出实物以及着装拍摄的过程。

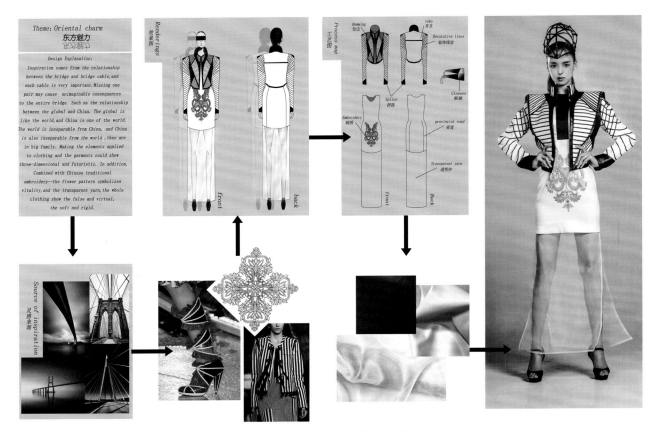

图6-8 "东方魅力"（刘斌作品）

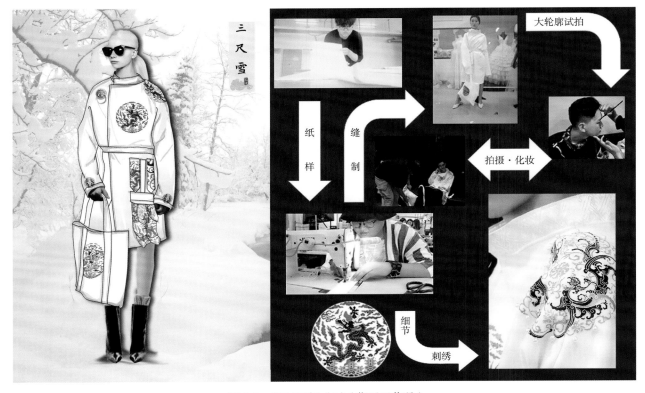

图6-9 "三尺雪"（1）（华天远作品）

图6-10 "三尺雪"（2）（华天远作品）

图6-11 "不染"（陈依凡、林钰洁作品）

二、实践的变化性和偶然性

在服装设计的实践过程中，常会出现与预期不同的变化，或偶然之下得到另一种效果。这与设计图完善程度、面辅料的特性、制作方法等有关，而变化的目的在于提高服装实物的理想效果。

如图6-12所示，在制作服装实践中，创作者将设计效果图上的领改为连帽款，使之更富有青春新潮感；同时，由于主料的绗缝效果比设计效果图稍弱，创作者将单色袖套改为格子，加强视觉力度，也丰富了服装语言。

图6-12 "失乐园"（陈欢、刘雪华作品）

如图6-13、图6-14所示，设计图上本来仅帽和领有红色毛毡，制作后发现服装大面积颜色沉闷，因此在肩和袖口处也应用了毛毡，呼应了色彩，活跃了视觉效果。

图6-13 "结构熔岩"（1）（林文军作品）

图6-14 "结构熔岩"（2）（林文军作品）

如图6-15所示，作品"觅"的设计效果图共有三个设计元素：黑色收腰造型、层层大撑裙、腰部装饰。但制作后发现黑色部分很空，于是添加了多只与主题相关、呼应裙色的蓝蝴蝶，使作品既丰富、和谐又灵动，起到了点题作用。

图6-15 "觅"（张文君、焦晶晶、殷依蝶作品）

运用立体裁剪进行服装创作时存在着明显的变化性与偶然性。如图6-16所示，作品的创作实践本是按效果图上的长袖款上衣制作的，但搭在人台上的褶皱面料垂落下来有很大的伸缩量，形成了弧度明显的圆阔型，效果很有特色，再做各种折叠、翻转后可以得到很多不同的立体造型。这改变了设计者的初衷，将前后两片自然悬垂并于侧缝处缝合成斗篷式外套，模特着装走动时面料还带有上下抖动的效果。

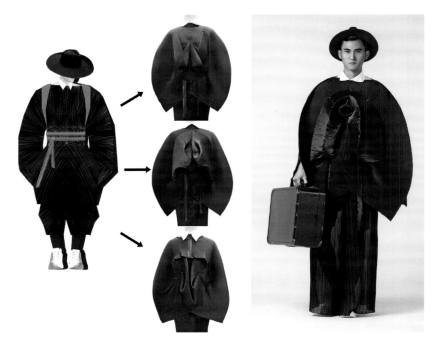

图6-16　立体裁剪制作的变化与偶然

第二节　整体造型搭配与展示

一、整体造型搭配

整体造型搭配是包括上衣、裤、裙、外套等不同单品的着装组合，再配以帽、包、鞋、首饰，加之穿着者的妆容、发型、气质而共同打造出的整体效果。服装设计师不仅要有把握流行和创新设计单品的能力，还要有搭配整体造型的能力，这样才能对主题风格进行完整、精彩的诠释。

整体造型的搭配能力主要反映在三个方面：第一，总体主题风格的把握或创新；第二，进行服装单品的选择时，对潮流元素以及比例、节奏、主次对比、调和与统一等形式美法则的运用；第三，进行配件搭配时，对形、色、质、点、线、面、体的形式安排。根据画面效果的差异，整体造型搭配主要可以分为一致性搭配和对比性搭配。

（一）一致性搭配

一致性搭配是在服装搭配、服饰品搭配时，因风格、色彩或面料的相同或相近而达到统一感的搭配形式。在与多色花纹的单品搭配时，可选择同色调图案或多色中的一种，以达到和谐效果。如图6-17所示，从上衣、半裙、连衣裙到丝巾、包包、行李箱的搭配都围绕蓝、白、红的配色及图案展开，整体造型和背景画面都表达了统一的主题方向，意图清晰，浑然一

图6-17　一致性搭配（1）

体。如图6-18所示，知名品牌浪凡（Lanvin）2020春夏发布会上，服装以及饰品的搭配围绕航海的主题风格，以蓝、黄、白为主色调，轻快、生动而协调。如图6-19所示，四款服装均为以中性色为主的一致性效果搭配，图a中的提包既呼应了上面的短外套，也打破了下装搭配颜色较沉重的视觉效果；图b中的服装块面、配件运用相似的色彩及小明度差，传达自然、和谐的效果；图c中服装与配件在风格和色彩上都非常协调；图d中帽、针织衫、裤、靴色彩一致，衬衫和包包色彩一致，在质感和细节上寻求变化。

图6-18　一致性搭配（2）

图6-19　一致性搭配（3）

（二）对比性搭配

对比性搭配是在单品服装及配件搭配时，因色彩和面料甚至风格的不同达到的差异感。其对比较强，画面冲撞，容易给人留下深刻印象。如图6-20所示，图a中的外套裙装图案黑白鲜明，大气、稳重，有艺术绘画风格，模特妆容出挑，道具色彩强烈，有趣味感，形成了鲜明的对比；图b中背心款和下面多结构、多层次的叠加服装造型，形成款式搭配的简繁对比；图c中衬衫的创意设计，与头上大红的复古风多褶蝴蝶结、黑唇形成鲜明对比。如图6-21所示，男装搭配分别表现了风格差异对比、色相对比、质感对比、明暗对比。

二、服装展示

服装设计展示可分为走秀展示、静态展示和平面展示。随着网络销售的普及，服装行业越发

图6-20　对比性搭配（1）

图6-21 对比性搭配（2）

需要大量的优质平面展示。

平面展示的手段以摄影为主，一般分为款式展示和艺术摄影。款式展示是客观记录服装产品的全貌，需要拍摄完整的正、背、侧面及细节；艺术摄影不仅可以展示服装、提升服装魅力和价值，还可以让整个画面传达出更高的境界，充满艺术气氛。同时，引发人们的兴趣、向往，激发人们的喜爱或购买欲望。这涉及整体造型搭配、摄影技巧、拍摄后的图像处理、排版等，最终达到理想的视觉审美及应用效果。艺术摄影除了技术本身，还包括以下内容。

（一）风格主题

时装艺术摄影与记录服装款式的拍摄不同，需要参考服装的风格倾向和主题特色，了解设计的灵感、实物的特点与优势，发现整体造型搭配的多种可能性，发挥想象力，参考光影、色调，注意营造气氛、传达意境。

如图6-22所示，服装搭配夸张帽饰、项链等进行室外拍摄，遮面道具、干落叶与背景的自然景物和谐呼应，背景色调深沉幽暗，传达了精致与神秘共存的气氛。

如图6-23所示，服装的风格趋向于田园艺术感，特色在于卫衣的面料再造，整体造型又传达着青春与时尚感。因此拍摄以自然花草和简洁白墙作为背景，可以很好地映衬、呼应主题。

如图6-24所示，这组拍摄的服装、配饰、妆容、背景皆为极简风，但其中又蕴含着有质感的自我，散发着迷离式的自由，构

图6-22 "释"整体造型、室外拍摄、PS后期处理
（潘海云作品）

图6-23 "葳野"（"山谷少年"李文杰作品）

图形式的不完整，延伸至画面外的情节似乎又酝酿着故事性。

如图6-25所示，由于本款礼服创意大胆、细节丰富，背景选择了简洁白墙以衬托服装；模特将藤条缠着手臂举起的动作可以更加突出服装的创意造型和材质，也使画面充满张力。同时，还可以利用光、影、构图等因素达到有艺术感的画面效果。

图6-24 "无束"（刘斌作品）

图6-25 "起承转合"创意女装设计与拍摄（詹华东、戴惠棠、陈佳作品）

（二）后期处理

后期处理主要利用Photoshop等绘图软件，将摄影得到的照片修至理想状态，并配以合适的排版，追求艺术、时髦、新颖、理想化的视觉形象和效果。

如图6-26所示，模特的浓妆、狂热状态与服装的创意造型和材质相得益彰，文字排版如时尚期刊封面般具有冲击力的画面。

如图6-27所示，运用Photoshop软件将室内拍摄的照片背景处理成暗蓝紫色调，最能对比映衬服装主体银白色的光亮效果，表达冷峻的未来科技感；同时，参考杂志封面排版，增加画面的时尚度。

如图6-28所示，服装的正、背面均在造型、细节上很有特色，因此分别拍摄并组合排版，在边框设计上体现相同与不同之处。

图6-26　"夜未央"创意女装设计与拍摄
（梁泽可、韩晓义、黄淑芬作品）

图6-27　"Defense2026"创意女装设计与拍摄（黎柏良、陈颖诗、陈升贤、陈娜作品）

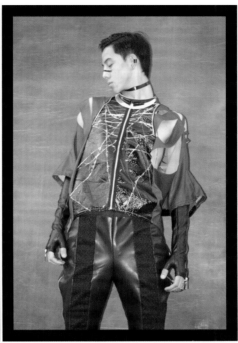

图6-28 "Eager"创意男装设计与拍摄（翟伟东、李雄作品）

入门者锦囊 此时尝试制作

本章内容讲解了服装设计从主题灵感到实物拍摄的完整设计过程以及后期处理效果。在学好基础知识即将入门的阶段，应对所有设计构思实现从二维平面稿到三维服装实物制作的过程，并搭配成整体造型，反复自我检验与预想效果之间的差距，增加对设计的判断力。

练习（作业）

1. 完成一款从灵感到图稿、制作、搭配、拍摄及后期处理的全过程设计。
2. 选择同一款式设计进行两种不同花色、质感的面料搭配，并制作服装实物后进行比较。

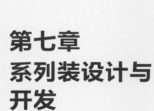

第七章
系列装设计与
开发

系列装设计可以提高设计师服装设计的拓展能力，加强风格主题的表达能力，检验创新与形式美之间的平衡能力。系列装的着装展示范围较广，包括时装发布会、博览会、订货会、商品开发、商场展示、设计大赛及综艺节目、团体组合等。

第一节　系列装概述

一、系列装的概念与类型

系列装是指根据某一主题设计、制作的，具有共同鲜明风格和相同因素，多数量、多件套的作品或产品。系列中的每套服装之间都应相互关联，在多元素组合中表现出对比与统一、次序性、和谐的美感特征。

系列装可以分成以下两个类型。

（一）系列艺术设计

1. 发布与展示系列

高级时装与高级成衣的系列发布精彩绝妙，是全球时尚界翘首以盼的盛事，也是世界流行市场的主要源头（图7-1）。品牌成衣系列将最新实用性作品公之于众，传递流行与品牌精神，刺激购买欲。大型文化艺术活动也常见服装系列，其在设计上较注重舞台效果和艺术气氛。

图7-1　纪梵希（Givenchy）高级定制系列

2. 创意系列

创意系列装设计多见于前卫设计发布会或服装设计大赛、毕业设计，提倡创造力、艺术性、超前精神和新潮时尚（图7-2）。设计师可尽情发挥想象，尝试新手段。创意系列中作品天马行空、前卫大胆，不拘泥于实穿性，有引领未来潮流的潜力。其中，服装设计专业的学生毕业作品，整体新奇度较高。较为知名的院校有美国纽约帕森斯设计学院、英国伦敦的中央圣马丁艺术与设计学院、比利时安特卫普皇家艺术学院等。在国内，北京服装学院、清华大学美术学院、东华大学等高校的毕业设计同样很值得期待。

图7-2 新颖夸张的创意发布会、毕业设计系列服装

（二）成衣产品系列开发

成衣设计属于批量生产的产品开发。成衣的系列设计注重在季节影响下不同产品类型的结构组成，例如包括冬季的不同长短的羊毛衫、羽绒服、棉外套、大衣、厚裤子的系列设计，可以满足不同消费者的需求，其款式设计简洁实用且具流行性。成衣系列主要见于：

（1）订货会：品牌服装季节性新品推广，提供商品订货。

（2）品牌服装店：将成衣按主题风格、季节或色彩等要素进行陈列（图7-3）。

图7-3 简洁实用的成衣系列设计

二、系列装设计流程

系列装的设计流程一般包括确定主题构思、提取灵感元素、第一款设计、拓展设计、多款调

整、面料搭配与工艺、择一制作、完善设计、全系列制作。其中，第一款设计决定了系列装的基调；拓展设计需控制整体效果、调整设计细节；择一制作的目的是真实立体地检验创作效果，应选主打特色款制作，以检验和确定系列设计的手法，对全系列的修改完善起到借鉴作用。

　　将拓展设计后的效果图进行统一排列，便于设计者控制和调整多套服装之间的廓型比例、设计焦点等要素，使服装实物达到预想效果。

　　如图7-4、图7-5所示的系列作品"说时依旧"。

图7-4　"说时依旧"系列设计（1）（卢为雄作品）

图7-5　"说时依旧"系列设计（2）（卢为雄作品）

　　用折纸、拼贴等方法能在制作前对系列服装的设计效果做出一定预判，便于设计者修改完善。如图7-6所示，作品"Garden of Eden"，设计师Sho Konishi选择了自然界实物花草、羽毛进行设计，与人工塑料对比结合，通过"城市自然"的理念来探索可持续发展，引发深思。设计师在画稿后先用缩小版立体折纸提前检验系列效果，便于对最终实物进行初步判断、修改及确定方案。这个十套以上的创意系列服装都遵循同一主题，款式不同而材质相似，细节不同而手法相似，在对比与统一之中展示变与不变的交错，诠释了系列服装的魅力。

图7-6 "Garden of Eden" 系列设计（Sho Konishi作品）

第二节　系列装设计

一、系列装设计方法

系列装设计在主题风格、款式造型、色彩、面料与细节等要素上的创新应遵循一定的规律，即在统一的主题风格下，每套具有不同的款式造型；色彩、面料与细节则保持相同、相似或有一定联系。可以说，系列服装设计展示了形、色、质的对比与统一，考验设计者在创新的同时把握整体与局部、差异与联系的节奏美感。

（一）遵循规律

1. 主题风格的统一

（1）独一主题：例如系列统一为中国风的青花瓷。

（2）混搭主题：例如系列统一为朋克与解构风混搭设计。

（3）细分主题：几十套的大系列可在统一大主题下有几个小系列。如大主题为"天色"的系列服装，可细分为破晓、碧空、浮云、落霞四个小系列。

2. 外轮廓的差异

外轮廓尽量不雷同，服装组合展示时可呈现节奏美感。例如，已经有两套A形外轮廓，拓展设计应设计H、X或O等其他廓型；或已经有三套长款，拓展设计应再加一套中长、一套短款，切忌完全一致的外轮廓。

3. 内结构的差异

在结构手法（如拼接为主或褶皱为主）相似的基础上，力求有差异的造型组合，组合的疏密节奏在每套的位置、大小等也不同，要避免雷同。如果每套的领子、结构分割或口袋的位置、形状都一致，会缺少新意。

4. 色彩与面料的一致或相似

（1）搭配一致：每套色彩及面料的搭配一致性越高，系列感越强。

（2）搭配相似：不完全一致但存在某种联系，例如五套配色分别为灰、灰蓝、灰紫、蓝紫、蓝；如五套面料搭配分别为纱、羽毛、羽毛和蕾丝、纱和蕾丝、蕾丝。

5. 细节的一致或相似

细节设计包括图案、绳结、包边、镂空等精彩的局部手法，在同一主题下应一致或相似，但其在每套的位置、大小、方向、整缺等都应有所差异，需在系列中相互调整。

总之，系列装是变与不变的艺术，过于突兀就减少对比，提高一致性，增加呼应手法；过于平淡、无趣就增加对比，提高差异性，减少相似。如图7-7所示的"恋恋山城"作品的色彩在变化中求和谐，款式在差异中有联系。如图7-8所示，作品"鹤兮"的五套设计，外轮廓创意造型收放兼顾、长短有别；内结构分割区域各不相同、有整有缺；色彩藏蓝、暗红、白主次交替，分布有致；细节处的仙鹤装饰高低错落、自由多变；从模特着装上可见面料搭配与工艺手法一致，系列感强。如图7-9所示，作品"QUEEN"在造型上长短、宽窄差异明显，但配色、材质相同，同款头冠不仅使整套搭配完整，且点明了主题。

图7-7 "恋恋山城"休闲女装系列设计（屈淑婷、毕静文作品）

图7-8 "鹤兮"女装系列设计（吴瑞珠、林嘉敏、陈德埠、袁明妹作品）

图7-9 "QUEEN"女装系列设计（钟佩娴、肖宝怡、冯子斌、陈振修作品）

（二）系列装拓展方法

1. 款式拓展

系列装设计由第一款逐步发展成为多套系列，一般从廓型和产品类别一起入手，进行变化设计，每套设计在保持主题和色调不偏离的前提下，尽可能地区别于已有设计，即主要集中在款式结构的设计上。具体可以分为轮廓分解和形状组合两种方法。

（1）轮廓分解法：先参考产品类别，以几何形进行每套服装的外轮廓设计拓展，使系列廓型达到大小、长短、收放不同的节奏美，再将每款进行保留或分解结构。以夏季五套系列家居装为例，具体如图7-10所示。第一套为连衣裙的中长梯形外轮廓，第二套设计为上下组合的长方形套装，第三套设计成连体椭圆形裙，第四套为上宽下窄的倒三角形裙，第五套再拉长线条为分体菱形套装。这样，五套设计在外轮廓上形状各有差异，造型上富有变化，有收有放，有连身有分身，在高低长短上也各有不同，还可以满足产品需要的长裙、短裙、常规上衣、宽松上衣、长裤、短裤等产品类别，是系列艺术设计和系列产品设计的重要方式。在此之后，再进行内结构的划分，划分时考虑五套内结构的差异性，以达到系列节奏感，如图7-11所示。

（2）形状组合法：形状组合法是根据产品类别，利用几何形或不规则形进行单品设计，组

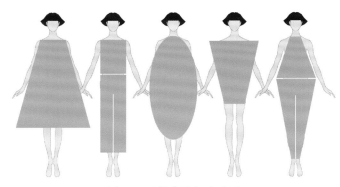

图7-10 轮廓分解法（1）

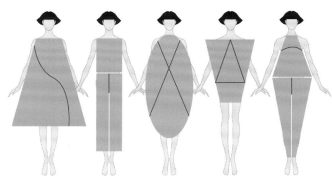

图7-11 轮廓分解法（2）

图7-12 形状组合法

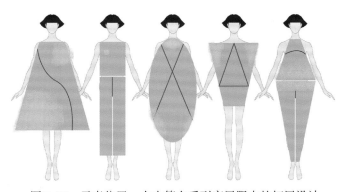

图7-13 元素位置、大小等在系列家居服中的拓展设计

合成套后形成不同外轮廓的设计方法。系列拓展款式需要注意在外轮廓和单品造型上区别于前面已经设计出的款式，再以大小、长短、收放上的节奏美反复调整。如图7-12所示，蓝色造型和紫色造型共同组成服装整体造型。

2.元素拓展

系列元素拓展要根据主题特色及第一款设计确定的细节手法，进行同主题再现、变化、升级等元素的设计，需要把细节元素在款式中的位置、大小、整缺、平面与立体，甚至搭配形式等区别应用，以达到系列装细节设计在视觉效果上的节奏美。如图7-13所示，粉色区域代表细节手法设计，如褶皱、印花、绣片、拼色等的位置和大小，具体如图7-14所示，即是按图7-13的区域运用中国风花鸟元素图案的效果。内容和形式需要相同或相近，以保证系列主题的一致性，为了避免无新意的雷同，切忌在同一位置出现统一大小的细节手法。

在系列拓展时可运用多种元素组合设计，由于家居服不宜过于复杂，多种元素应分开层次。如图7-14中除了中国风花鸟图案印花元素外，还有分割设计、褶皱设计、边线设计、透明纱和流苏的运用，但视觉效果不宜太强，以突出主题元素，避免过多干扰。

图7-15是在同造型和分割款式下，另一种元素的安排方式，同样遵循节奏、对比与统一。具体元素如图7-16所示，细节手法有多层波浪边、边线、绳带，并包括黄、橙、粉三种搭配色。在大面积灰蓝的映衬

下，设计元素没有混乱，保持了家居休闲服的简洁、大气。

3. 调整与搭配

系列设计完成后可根据艺术美的创作法则进行调整及配件搭配设计，既完善系列设计，也增加配件产品开发。一般从以下三个方面进行视检：①系列设计是否因为过于整体统一而出现重复、呆板或雷同，还是因为过于对比而出现杂乱、零散或主题含糊，从而协调统一和对比之间的关系。②判断重要元素的安排在位置、大小、表达方式上是否合适，可否传达系列统一的主题风格且富有节奏感和韵律。③季节性产品类别是否完善，整体造型搭配是否和谐、兼具舞台美感和艺术效果。

如图7-17所示，五套家居服系列的主题元素为绘画人脸图案，设计上运用多种艺术美的创作法则安排构图，在大小、角度、位置等方面进行整体系列调整，达到系列节奏与统一的艺术美感。同时，将图案的正形与负形混合运用，并采取定位印花的工艺手法使款式独具特色。红唇和红绳的运用活跃了视觉效果，并富有跳跃的韵律感。最后，眼罩、拖鞋、抱枕的添加也使整体系列家居服完整起来。

如图7-18所示，同一色调下的五套女装，外轮廓、内结构、色彩搭配、面料穿插以及细节位置、大小等方面均交叉错落，分布有致，很好地体现了节奏、对比、统一。再如图7-19~图7-22所示为不同风格或类别的系列服装设计，均遵循着节奏、对比与统一等形式规律，安排设计元素于消长之间。

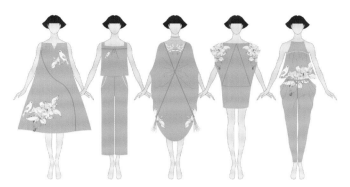

图7-14　拓展设计具体图例（1）

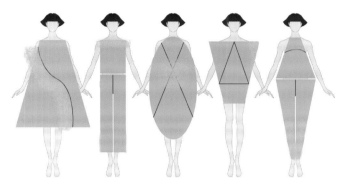

图7-15　拓展设计具体图例（2）

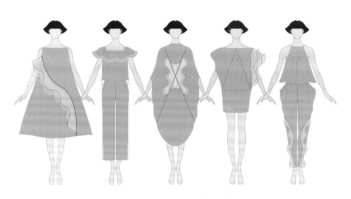

图7-16　拓展设计具体图例（3）

图7-17　系列设计的调整与搭配

图7-18 "Pieces"女装系列设计（吴美绿、黄观婷、劳翠霞作品）

图7-19 创意男装系列设计

图7-20 解构风格系列设计

图7-21 礼服系列设计

图7-22 以"美元"为元素的创意女装系列设计

二、系列装设计案例分析

（一）休闲时装案例

如图7-23所示为"圆与线"系列作品的设计拓展过程分析（顺序由左至右）。

图7-23 "圆与线"休闲家居服系列设计

第一套：设计以黄、粉、灰的拼色几何元素为主，表达主题，此款为长裙款。

第二套：为保持第一套的特色并在款式上有所改变，第二套设计成有透明袖的短裙款，下摆处的色块与第一套呼应，但大小、位置不同。

第三套：前两套都是连身装，第三套进行分身设计，保持拼色手法，膝盖圆形呼应前两套，但大小、位置不同。

第四套：以不对称的款式呼应第一套，肩部系带呼应第二套，粉色为主色调以区别于前三套，裙摆透明呼应第二套。

第五套：两件套设计呼应第三套，但造型不对称呼应第一和第四套；色块弧线呼应前四套手法但位置分散；褶皱手法呼应前四套，但线的方向、位置不同。

整体完善：搭配同色调发带、波点袜、抱枕、小熊休闲风格配件，再加上同色调的主题字和版式，呈现完整的休闲装系列设计。

总体分析：全系列运用统一配色，以相似的色块突出主题、保持和谐；利用变化但不复杂的款式形成对比，节奏时尚感强。外轮廓造型在不同领型、袖型、摆、长度及松紧中体现节奏与韵律。整体变化丰富而协调，色调明亮而舒适，亲和力强。

（二）泳装案例

如图7-24所示为"暖海"系列作品的设计拓展过程分析（顺序由左至右）。

第一套：如图7-24所示，第一套泳装的特色元素是明朗的色调及条纹搭配，橙、黄色代表温暖日光，蓝色代表海洋，此款为分体比基尼款。

第二套：区别于第一款设计成连身式，加大橙色面积，蓝色边线；运用条纹

图7-24 "暖海"泳装系列设计

以呼应系列感，但改变条纹方向。

第三套：借鉴流行，设计成包裹式运动套装，拓展大色块，以蓝、橙色为主，小面积运用条纹呼应。

第四套：前三套都是对称的设计，为增加变化，这套采取不对称的连体半高领款式造型，并调整条纹方向，以橙色为主，采用黄色边线。

第五套：呼应第一套，设计成分体比基尼款式，并以条纹为主，款式及色彩运用与其他四套均有差别。

整体完善：根据类别和主题，在五套泳装设计整体造型时搭配太阳镜、裤袜和包包，并在背景搭配冲浪板、椰子树、海蓝色渐变等元素，使画面气氛完整，主题氛围突出。

总体分析：每套泳装都运用了相同配色及条纹元素，形成系列感，表达主题。同时，每套款式造型设计、色彩安排都不同：在分体和连体、对称与不对称、条纹的位置与多少、三种颜色的穿插，低腰、高叉、长裤、平角等方面做变化，这些内容一起构成了系列装的节奏与韵律。设计充分体现了对比与统一的形式美法则，搭配合适的配件，加上符合主题风格的背景，成为一张完整的系列泳装设计效果图。

（三）特殊方法案例

由于系列装展示多套服装效果，还可以运用一种特殊的横向构成方法进行拓展，如下例所示，根据灵感图（图7-25）设立主题名称为"海鸥飞处"；系列艺术定位为舒适、家庭、亲子；主题元素为蓝、渐变、图案、组合风景。设计选择海景图案为主要设计元素，将五套服装一起设计，达到特有的连续的设计效果。具体系列设计的实践思路和方法如下：

图7-25　灵感图及参考款式

第一步：如图7-26所示，先将五套亲子系列装的款式结构设计在模特上绘制，包括女士上衣、女士长裤、女士长裙、儿童连衣裙、男士无袖T恤、男士短袖T恤、男式中裤、男士短裤，产品类别多样，以达到廓型、款式变化，同时满足消费者的不同需求。

第二步：如图7-27所示，将五套服装一起运用深蓝色连续设计，每套之间波浪线条可相接，连成完整的一个色块。

图7-26　第一步　　　　　　　　　　　　　　图7-27　第二步

第三步：如图7-28所示，选择浅一些的宝蓝色进行连续设计。

第四步：如图7-29所示，按以上方法，可将五套服装的色块整体连续设计完成，色彩遵循大海到沙滩的色彩变化，同时也遵循美的艺术创作法则中的渐变法，使色彩既丰富又和谐。

图7-28　第三步　　　　　　　　　　　　　　图7-29　第四步

第五步：如图7-30所示，在五套服装的不同位置加入各种造型的船、海鸥形象的图案，点明主题，且运用差异性色彩达到点缀色的跳跃效果。

第六步：如图7-31所示，将拖鞋填色并统一调整为中蓝色，增加女士的发带，完成五套系列装的整体造型。

图7-30　第五步　　　　　　　　　　　　　　图7-31　第六步

第七步（艺术排版）：如图7-32所示，根据主题添加背景形象，并以均衡式添加文字，点明主题。

总体分析：五套注重舒适的家庭版家居服系列设计统一运用主题风景，打破常规将五套一起进行设计，一起完成。每套服装既独立又可以组合成连贯画面，男女可组合情侣装，加上孩子可组合亲子装，其连贯的整体效果既独具艺术魅力，也深化了家庭的内涵。设计主要体现美的艺术创作中的均衡、渐变、对比与统一等手法，和谐而富有画面效果，点缀色活跃了整体气氛，视觉上舒适、轻松、有活力、有新意。利用PS等绘图软件快速调整配色或其他图案，如图7-33所示的"撒哈拉的早晨"，还可以调整成青色的山脉主题、绿色的原野主题、粉紫色调的晚霞主题等不同效果。

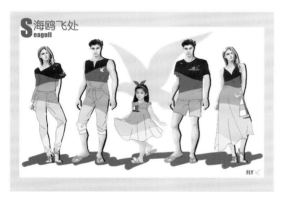 

图7-32　第七步　　　　　　　　　　　　　图7-33　撒哈拉的早晨

第三节　成衣系列开发

一、成衣系列的概念

成衣指按一定规格、号型标准批量生产的成品衣服，与量体裁衣式的定做和创意舞台服装不同。成衣符合批量生产的经济原则、生产机械化、产品规模系列化、质量标准化、包装统一化，并附有品牌、面料成分，号型、洗涤保养说明等标识。成衣产品属于商品，主要分为高级成衣、品牌成衣和大众成衣，服务最广泛的消费者群体。

二、成衣系列的开发

成衣开发需要多部门科学有序地配合工作，其流程的每一个环节都有重要作用。流程具体可以概括为以下六步：①新品计划，在最新流行趋势、品牌风格定位及市场信息、消费者动向等综合因素的整理分析后推出系列主题，还要参考季节进行总体开发数量、具体系列细分、产品结构数量的安排。②设计款式，根据系列主题、面料进行设计，并挑选有市场潜力的款式，参考品牌设计定位进行设计图纸审核。③制作样衣，入选款式经过确定面料、打板、工艺制作三个环节后制作成实物样衣。④试样调整，样衣对应真人号型试装，调整至最终款。⑤新品发布，经销商（或自营店）等订货会或T台新品发布会。⑥批量生产。

成衣系列设计在确定新品计划和产品定位（如地域着装风格定位、地域售价定位、地域年龄层定位）的情况下，需充分考虑季候性和市场销售影响下的系列产品结构安排，把握流行趋势、品牌定位和实用性。

（一）参考产品结构

产品结构即每一季新品内容及数量比例。成衣系列产品设计属于组合性的产品构成，是根据产品定位、季节和需求对产品的总体组合规划设计，应合理安排数量比例。多数大众品牌基本款数量比例比形象款多，而一般上装总数也是下装总数的2~3倍。如表7-1所示，从夏2季到秋2季的产品结构中，吊带（背心）、裙类、短裤数量明显下降，长袖和卫衣、长裤（中裤）数量明显增加，以顺应季节变化下的消费者需求。

表7-1　某品牌女装夏季新品开发系列产品结构

区分品类	夏2季				秋2季			
	基本款	形象款	总款数	总占比（%）	基本款	形象款	总款数	总占比（%）
衬衫	7	5	12	13.6	8	6	14	16.5
吊带（背心）	4	3	7	8	0	0	0	0
短袖T恤	12	8	20	23	2	2	4	4.7
长袖和卫衣	0	0	0	0	12	8	20	23.5
外套	3	2	5	5.7	6	4	10	11.8
连衣裙	11	7	18	20	4	4	8	9.4
半裙	5	2	7	8	4	2	6	7.1
长裤（中裤）	3	2	5	5.7	5	3	8	9.4
短裤	4	3	7	8	2	1	3	3.5
饰品	3	4	7	8	6	6	12	14.1
合计	52	36	88	100	49	36	85	100

（二）成衣系列的设计

成衣系列开发可在同一季节推出多个不同主题的系列设计，围绕流行性、实穿性、季候性、目标消费群展开。与创意系列不同，成衣系列开发相对宽泛，主要表现在：①外轮廓的造型可以重复。②在没有明显偏离主题的情况下，面料、色彩、细节均可不同。③由于基本款和时尚款的区分，设计的创意、时尚程度可以不同。④同类单品可以组成系列。但同时，成衣系列开发也有一定局限性，主要体现在结构和工艺设计需要简单，不能繁复或有较多手工。

如特色品牌"山谷少年"的系列设计，有新意但不复杂（图7-34、图7-35）。其中"鲸鱼和男孩"系列风格休闲，运用主题元素图案，以蓝白色为主，轻松、惬意。主打款有鲸鱼贴布图案的360°围绕式设计，大部分鲸鱼身绕在后背，而鱼头和尾巴形象重点在正面皆可见。同时，鱼鳍和尾巴又都是独立的立体造型，特色明显。此款简约、舒适、构思巧妙，工艺不复杂，是创新与市场兼顾的设计，从销售数据上也可见最受消费者欢迎。如图7-35所示，"画室的香梨"整体配色为莫兰迪色调，低调、内敛，利用静物、绘画等元素传达主题，工艺不复杂但充满艺术气氛。

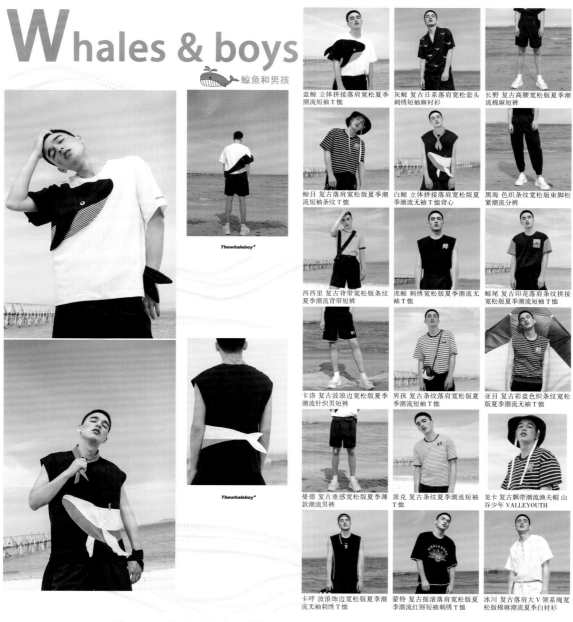

图7-34 "鲸鱼和男孩"夏装系列男装（"山谷少年"李文杰作品）

"画室的香梨"

Fragrant Dear in Studio

格雷特 静物刺绣针织绑带宽松版潮流马甲

托尼卡 复古腰封宽松版潮流哈伦休闲收脚长裤

安塞尔 静物贴布刺绣复古宽松版潮流秋款卫衣

布里克 复古高领时尚英文印花长袖潮流打底修身港风卫衣

莫尔斯 复古古巴领落肩提花宽松潮流刺绣半透衬衫

普鲁提夫 双领复古落肩宽松版高级感潮流秋季英伦男衬衫

克里斯 静物刺绣复古宽松版双排扣潮流休闲西装

佩恩特 复古刺绣铅笔装饰潮流贝雷画家帽

普鲁士 复古高腰双腰带宽松版潮流休闲直筒阔腿长裤

奇诺 复古条纹男士宽松版潮流休闲哈伦长裤

卡蜜罗 复古大V领宽松版潮流卫衣

马尔克 复古背带静物刺绣宽松版收脚休闲哈伦收脚长裤

费里克 素描静物刺绣男士秋季英伦宽松版潮流白衬衫

克里斯 植物刺绣复古宽松版潮流休闲直筒阔腿长裤

卡尔塔 复古法式刺绣羊毛平顶礼帽

克莱莫 复古双折宽松版潮流收脚哈伦长裤

安布拉 米白针织假两件针织长款休闲潮流开衫

图7-35 "画室的香梨"初秋系列男装("山谷少年"李文杰作品)

此时反复尝试系列设计

本章内容是设计师入门的重点章节，系统地介绍了系列装的相关内容，详细地讲解了系列设计的方法，并结合实例进行剥茧式分析。入门者应深入理解，掌握其中规律，并进行不同主题风格的系列设计。以一般发布会最低的40款为基础，尝试锻炼设计至100款，以加强系列设计能力。

练习（作业）

1. 完成同一灵感主题的40款系列设计。

2. 分别完成同一灵感主题的创意装系列和成衣开发系列设计，每系列设计6套。

3. 根据最新流行趋势，完成不同主题的春秋、夏或冬季成衣系列设计。

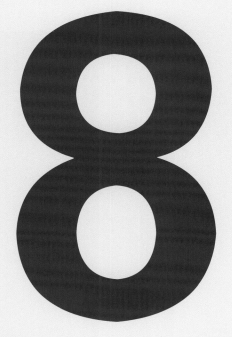

第八章
作品赏析

　　服装创作中，从灵感到最终实物的呈现是一场创造美的过程，是设计师理想蓝图的展现，犹如灵慧的花苞徐徐盛放。反复欣赏和分析美妙绝伦、独具匠心的作品，是对审美和创新能力的提升，也是对创作的最大尊重。

设计作品展示如图8-1~图8-18所示。

图8-1　钟仟仟作品

图8-2 屈淑婷、毕静雯作品（1）

图 8-3　屈淑婷、毕静雯作品（2）

图8-4 黄静雯作品（1）

图8-5　黄静雯作品（2）

图8-6　林文军作品

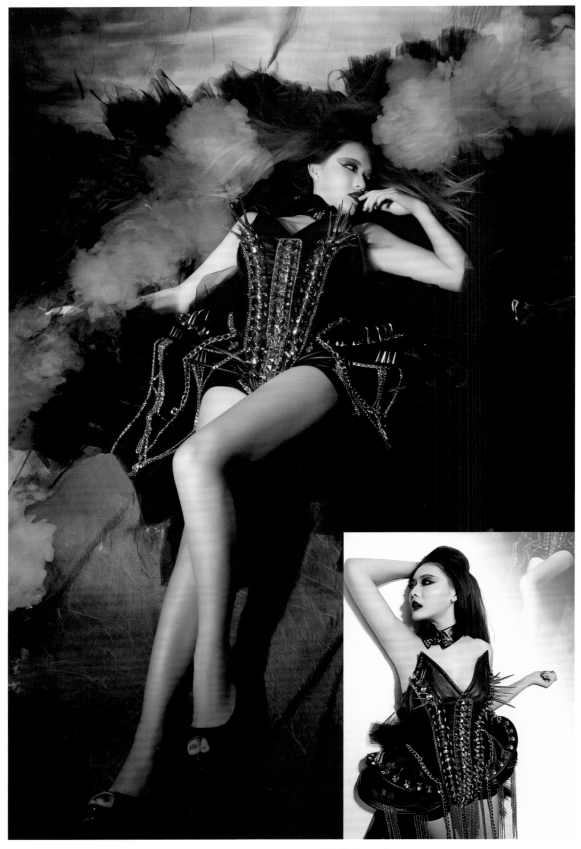

图 8-7 "KEI LAM"童晓妍作品（1）

图8-8　"KEI LAM"童晓妍作品（2）

图8-9 "KEI LAM"童晓妍作品(3)

图8-10 "山谷少年"李文杰作品（1）

图8-11 "山谷少年"李文杰作品（2）

图8-12　"云思木想"王丹红作品（1）

图8-13 "云思木想"王丹红作品（2）

图8-14 孙敏华作品（1）

图8-15　孙敏华作品（2）

图8-16　林子其作品

图 8-17　李谦作品

图8-18 刘斌作品

参考文献

［1］吴晓菁. 服装流行趋势调查与预测［M］. 北京：中国纺织出版社，2007.

［2］刘晓刚，崔玉梅. 基础服装设计［M］. 上海：东华大学出版社，2015.

［3］邱佩娜. 创意立裁［M］. 北京：中国纺织出版社，2014.

［4］梁明玉，刘丽丽，何钰菡. 服装设计：从创意到成衣［M］. 北京：中国纺织出版社，2018.

［5］陈莹，丁瑛，辛芳芳. 服装设计［M］. 北京：化学工业出版社，2015.

［6］朱婷. 立裁造型创意中的偶发性研究［D］. 北京：北京服装学院，2012.

［7］胡迅，须秋洁，陶宁. 女装设计［M］. 上海：东华大学出版社，2015.

［8］刘晓刚，李峻，曹霄洁，蒋黎文. 品牌服装设计［M］. 上海：东华大学出版社，2015.

［9］闫亦农，赵冠华，薛煜东. 服装设计实训教程［M］. 北京：中国纺织出版社，2018.

［10］韩兰，张绷. 服装创意设计［M］. 北京：中国纺织出版社，2015.

［11］许岩桂，周开颜，王晖. 服装设计［M］. 北京：中国纺织出版社，2018.